梦山 梦山书系

构建说理的数学课堂

罗鸣亮——著

海峡出版发行集团 THE STRAITS PUBLISHING & DISTRIBUTING GROUP 福建教育出版社

图书在版编目（CIP）数据

构建说理的数学课堂/罗鸣亮著. —福州：福建
教育出版社，2023.12（2024.10 重印）
ISBN 978-7-5334-9776-7

Ⅰ.①构⋯　Ⅱ.①罗⋯　Ⅲ.①数学课—课堂教学—教
学研究　Ⅳ.①O1-4

中国国家版本馆 CIP 数据核字（2023）第 210799 号

Goujian Shuoli De Shuxue Ketang
构建说理的数学课堂
罗鸣亮　著

出版发行		福建教育出版社
		（福州市梦山路 27 号　邮编：350025　网址：www.fep.com.cn
		编辑部电话：0591-83627052　83763682
		发行部电话：0591-83721876　87115073　010-62024258）
出　版　人		江金辉
印　　　刷		福建东南彩色印刷有限公司
		（福州市金山工业区　邮编：350002）
开　　　本		710 毫米×1000 毫米　1/16
印　　　张		11.75
字　　　数		131 千字
插　　　页		2
版　　　次		2023 年 12 月第 1 版　2024 年 10 月第 3 次印刷
书　　　号		ISBN 978-7-5334-9776-7
定　　　价		36.00 元

如发现本书印装质量问题，请向本社出版科（电话：0591-83726019）调换。

序

（一）

以理服人，晓之以理是人之常情，但小学数学不重视"讲理"由来已久。主要原因：

一是社会大众对数学的需求，大体上以会四则运算、能算对为主，因而不求甚解，知其然即可。

二是数学的道理比较抽象，儿童理解有困难，其理论依据，常归咎小学生的年龄特征以形象思维为主。这就难怪一些数学教育研究者也持类似观点，比较典型的如：基于"有些数学知识相对于学生的认识水平具有超验性、合情性和难以理解性"，主张"记忆慢慢通向理解"。问题在于，这是成功人士的童年回忆，芸芸众生大多数是"记忆慢慢走向遗忘"。

更为本质的是，数学的学科特点又决定了"数学在形成人的理性思维、科学精神和促进人的智力发展中发挥着不可替代的作用"［《义务教育数学课程标准（2022年版）》］。

科学精神主要指"学生在学习、理解、运用科学知识和技能等方面所形成的价值标准、思维方式和行为表现。具体包括理性思维、批判质疑、勇于探究等基本要点"（《中国学生发展核心素养》，《中国教育季刊》，2016 年第 10 期）。

理性思维是一种有明确的思维方向，有充分的思维依据，能对事物或问题进行观察、比较、分析、综合、抽象与概括的思维。这种建立在证据和逻辑推理基础上的思维方式，要求学生有根有据、有条有理地思考与说理。

批判质疑要求学生具有问题意识，能独立思考，发现问题、提出问题，表达自己的见解。

勇于探究要求学生具有好奇心和想象力，能大胆尝试，发现问题、解决问题。

科学精神、理性思维作为中国学生发展核心素养的重要成分，无疑也是数学素养的精髓。

而要培养学生的理性思维、批判质疑、勇于探究，加强说理教学是绕不过的坎。讲道理背后的意义所在——学会思考、善于思考，恰恰是六年的小学数学学习最应该留给孩子们的素养。

因此，罗鸣亮老师的讲座"做一个讲道理的数学教师"一经推出，"醍醐灌顶"成了聆听者感言的高频词。很快，他成了《小学数学教师》等多家专业期刊的封面人物，他的论文"人大复印"全文转载。

为何反响如此迅速、热烈？

一方面，"讲道理"同时指向了六大核心素养中的"科学精神"与"学会学习"的课堂落实，也是从浅表学习走向深度学习不可或缺的基本路径。

另一方面，随着课程教学改革的不断深入，老师们越来越认同这样一个观点，即我们应摈弃浅尝辄止、囫囵吞枣的教学方式，尽可能揭示数学知识的来龙去脉，让学生学得明白、学得通透。然而，理念与执行之间尚有不小的距离，在日常课堂教学中，照本宣科、死记硬背的现象依然屡见不鲜。很多教师不是不想讲道理，而是不知"理"在哪里，从何讲起，还没找到如何在课堂中给孩子们讲道理、如何在课堂中教会孩子们讲道理的教学路径与方法。

（二）

作为省级教研员，罗鸣亮老师以其鲜明、朴实的教学主张，虚怀若谷、百折不挠的人格魅力，吸引了省内外众多年富力强的中坚力量，开展协作研究。历经六个阶段：

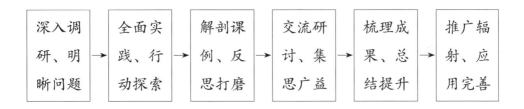

每个阶段都在扎扎实实地"做"研究。以调研阶段为例：

不仅沉入课堂，观察剖析，还与学生对话，获得学情的第一手资料。同时通过省域小学数学学业质量监测和小学数学教师析疑解惑知识测试，量化研究与质性分析相结合，真切地把握课堂的真实状态：教师的教学大多陷于浅表，学生的学习多数停留在知识表层认知，缺乏数学思考及思维深度，师者的专业功底存在较大缺漏，数学本体性知识储备不足。

由此得出结论：如果不能抓住知识的实质，不以讲理为前提，那么，单纯转变教学方式（或者其他方面的教学改革），只能带来表面的效果，不可能从根本上改进教学，提升学习品质。

进而明确研究方向：为数学教育"立魂""赋能"，以科学的、人性化的、多样而开放的"说理"方式展开教学活动，着力使学生知晓知识的内在原理、本质联系，从理解切入走向深度学习。

罗老师和他的团队在探寻、践行讲道理课堂的道路上迈出了坚实的一步又一步。在不断实践、反思、摸索、悟道的过程中，认识越来越清晰，可复制的系列化操作方法越来越丰富，来自一线的典型教学案例也随之越积越多，更重要的是，影响了越来越多的教师加入到讲道理的教学实践中。

（三）

本书是罗鸣亮老师继《做一个讲道理的数学教师》（华东师范大学出版社纳入其品牌"大夏书系"）之后的又一力作。全书由五部分组成：

第一部分，论述说理课堂的意义内涵；

第二部分，构建说理课堂的三大步骤；

第三部分，提炼说理课堂的实施策略；

第四部分，阐明说理课堂的育人价值；

第五部分，精选说理课堂的典型课例。

架构完整、脉络清晰，有理有据、有血有肉地呈现了说理课堂

  构建说理的数学课堂

内在意蕴、操作路径、实施方略、育人真谛以及精彩范例。

相信读者定能从中获得一系列的教学启迪，生成自己的感悟。

同时也期待罗老师和他的团队百尺竿头更进一步，在说理的"放"与"收"、"序"与"度"，以及材料表征与展现、自我监控与调节、思维品质和非认知因素等方面作出更深入的实践探索与更精辟的理论概括。

谨以此为序。

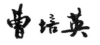

2023 年仲秋

目 录

一 说理课堂的意义内涵

说理课堂：走向未来的数学教育

《义务教育数学课程标准（2022 年版）》提出的数学课程要培养学生的核心素养，主要包括"三会"，其中，在"会用数学的思维思考现实世界"中指出：发展质疑问难的批判性思维，形成实事求是的科学态度，初步养成讲道理、有条理的思维品质。事实上，在日常教学中，我们还经常听到"不讲理"的课堂。例如：除法笔算，只会计算，却不理解为什么要从高位除起。又如：计算三角形面积，只知道用"底×高÷2"，不知道也可以用"底÷2×高""高÷2×底"，且同样具有几何意义。凡此种种，忽视了知识的本质，弱化了"教与学"蕴含的真义，充其量只是数学知识的操作工，不能促进学生的数学思维及学习能力的提升，更谈不上创新意识的培养。

当前，我国基础教育课程改革已经进入了一个新的征程。在"以知识为本"转向"以核心素养为本"的教育背景下，对于广大数学教育工作者来说，基于学科的特征，数学教育更应该站在"培养未来社会需要的人"这一层面来思考，把学习的责任真正还给学生，启发学生学会独立思考、学会与人协作、学会解决问题，发展学生的理性思维能力，帮助学生学会学习，建构属于他们自己的认知方式，从而更好地、从容地面对未来世界，成为最好的自己。因而，我们需要和"知识"说理，和"学"说理，和"教"说理。说理课堂不仅是教师专业成长的需求、学生精神发育的需求、课程品质的需求，更是时代变革的需求。

1 学生眼中"不讲理"的课堂

史宁中教授接受采访时提到：好的教材应该讲道理，应该告诉孩子为什么学，才能启发孩子学习的兴趣，学会思考。同时指出：过去很多小学教材不太讲道理，比如两位数乘两位数，以前光教竖式不教横式，光教算法不教算理。不讲算理，学生就不会创造。

可见，"讲道理"不仅要体现在知识的形成过程中，还应该体现在教师的教学过程、学生的学习过程中。然而，在学生的眼中，数学学习"讲道理"吗？

【案例1】记住怎么判断就行

2017 年，我曾在某地参加学校教研。活动中，一位年轻的老师执教"3 的倍数特征"一课。整节课下来，教学过程非常流畅，学生也对答如流，只是在课堂的最后 5 分钟，出现了一个小插曲。当时，教师出示一道练习题，题目中给了 8 个数，让学生判断是不是 3 的倍数，多数学生看到题目后，立马举手示意自己已经有了答案。

与之相反的是，坐我旁边的一个男生却一脸的茫然，看似对这道题或对这节课的学习还留有困惑，但他始终没有举手发问。或许是我对他的关注使他有所察觉，在他转头看向我时，我毫不犹豫地对他点了下头，并暗示他举手发问。在我的鼓励下，他踌躇片刻后，鼓起勇气举起手，遗憾的是老师的眼光并没有看向他，于是他默默放下了手。看他继续皱着眉头不知在思索什么的样子，我又再次示意他举手，并挥动手来引起老师的关注，这次举手成功地吸引到老师的注意。

老师看到他举手后，向他走来，一边走着，一边关掉了原来开启着的话筒。走到男生面前时，老师俯下身来，轻声问到："怎么了？"男生轻声提出自己的困惑："老师，3 的倍数为什么看各个数位上的数的和啊？"听到这个问题，老师一愣，看了他一眼，紧接着又扭头朝我所在的方向看来，我假装低头做着记录，实际竖起耳朵倾听着师生二人的轻声对话，只听老师把声量降得更低，说到："你管它为什么，记住怎么判断就好了。"听到老师的回答后，男生轻声回答："哦。"之后便不再做声。老师也随手开了话筒，回到讲台，按照既定的教学设计顺利结束了这节课。

课后互动研讨时，我肯定了这节课值得学习的地方，同时提了一个问题："3 的倍数为什么看各个数位上的数的和呢？"当我提出这个问题时，执教老师的脸刷的就红了，不好意思地问我："罗老师，刚才学生提的问题被您听到啦？"见我没有回答，他又接着说："真不好意思，学生问我这个问题时我也不懂，但又不好意思说不懂，就只好敷衍学生，说'你管它为什么，记住怎么判断就好了'。"

"请问老师们，你们谁懂得'3 的倍数看各个数位上数字的和'

这个道理?"我把问题抛给现场老师,但举手的人寥寥无几,追问原因,多数老师说小学的时候老师没有教,还有的说教材没有出现这个问题,不知道怎么讲道理。听完大家的理由,我回想起人教版"你知道吗?"这一栏目的编排。在这节课学习之后,人教版借助"你知道吗?"这一栏目,采用举例说明的方式,揭示了 2、5、3 的倍数特征的算理(如下图):

> ⏹ **你知道吗?**
>
> (1)判断一个数是不是2或5的倍数,为什么只用看个位数?
>
> 一个数可以根据数的组成进行改写,比如:
>
> $$24=2 \times 10+4 \times 1$$
>
> $$2485=2 \times 1000+4 \times 100+8 \times 10+5 \times 1$$
>
> 其中10,100,1000都是2或5的倍数,所以只要个位上的数是2或5的倍数,这个数就是2或5的倍数。
>
> (2)判断一个数是不是3的倍数,为什么要看各位上数的和?
>
> 可以按(1)的思路进行分析。
>
> $$2485=2 \times 1000+4 \times 100+8 \times 10+5 \times 1$$
>
> $$=2 \times (999+1)+4 \times (99+1)+8 \times (9+1)+5$$
>
> $$=2 \times 999+4 \times 99+8 \times 9+(2+4+8+5)$$
>
> 其中9,99,999都是3的倍数,括号中是这个数各个数位上的数,所以只要这些数的和是3的倍数,这个数就是3的倍数。
>
> **试一试**:你能继续找到判断9的倍数的方法吗?

这一编排意在启发学生思考,触发学生追根究底,希望学生不仅要知其然,更要知其所以然。然而,无论从这场活动中教师的反应来看,还是在日常教学中所见,老师们大都对此视若无睹,不仅自己没有认真阅读与理解,也未曾让学生尝试思考与探究,难道是因为日常练习中没有见过这样的问题，所以未曾予以关注？

以上教学现象的出现，一方面受教师个人学科知识的局限、不明"数理"而致，另一方面，是由于教师对教学中的数学知识本质缺乏质疑的态度和探究。数学知识是理性的，无论这个内容在不在规定的必学范围内，身为教师的我们，要感受数学的本质，才能带领学生一起感受数学的理性之美。

人天生好奇好问，学习更应如此，不仅要自己善于发现问题，更要关注、捕捉学生的困惑，鼓励学生提出问题、善于动脑、乐于探究，帮助学生逐步形成对数学的好奇心和想象力，[1] 发展质疑问难的批判性思维，形成实事求是的科学态度，初步养成讲道理、有条理的思维品质，逐步形成理性精神。[2]

【案例2】老师爱怎么对齐就怎么对齐

无独有偶，2019 年，在一次省级教研活动中，有位教师执教"小数乘整数"一课。课堂通过创设购物情景"每个风筝 2.5 元，3个风筝多少钱？"让学生解决问题，并尝试自主列式计算解答。在浏览学生的作品后，老师选了其中一份进行展示（如下图）：

$$\begin{array}{r} 2.5 \\ \times\ \ 3 \\ \hline 7.5 \end{array}$$

在全班学生观察这份学生作品后，老师微笑着问同学们："请问这样对吗？"当全班同学齐刷刷地回应"对"时，却冒出了一个不小的声音："不对。"特别突兀的回答，使得全班同学都看向声音发源处，我也顺着声音看过去，原来，在回答"不对"的学生面前还放着一个话筒，即使他只是小声地说出自己的看法，也被打开的话筒无意中放大了声量。

我再看向老师，发现老师的表情稍微出现了一点变化。他走到这位学生面前，看着他，问到："你为什么不同意呢?""3没有和个位的2对齐。"这位学生有些胆怯地回答。老师沉默了一会儿后，尴尬地抬起头，看向其他学生："3是和2对齐吗?"

学生不知是因为已经知道小数乘法的笔算方法，还是听出教师语气中的期待，非常整齐地回答到："不是。"

"对了，那3该和哪个数对齐呢?"教师马上接着问。

"3和5对齐。"

"对了，也就是末位对齐。"

而后，教师转向持不同意见的学生："现在你明白了吗?"

"明白了。"

这节课结束时，看到提不同意见的学生走出教室，我立刻追了出去，与他聊起天来。我对他竖起了大拇指，为他点赞："太棒了。别人都说同意，你竟然能提出不同的意见，说明你有自己的思考。"在我的肯定与鼓励下，这个学生也从最初的紧张，慢慢地放松下来。

"孩子，你为什么说3要和2对齐呢?"

学生回答："老师之前教小数加减法的时候，告诉我们数位要对齐，所以我认为，这个3当然要和个位的2对齐!"

看他的神情依然存有疑虑，我继续问："那刚才上完这节课，现在你觉得3要和谁对齐呢?"

"当然要末位对齐了!"孩子语气肯定地回答。

"为什么要末位对齐呢?"

"我不末位对齐,老师会给我打'×'的。"

在他的眼中,我看到了依然存在的困惑与无奈,我又追问:"上完课,你有什么想要说的吗?"

"反正老师爱怎么对齐就怎么对齐,昨天要数位对齐,今天要末位对齐,都是老师说了算。"此时,正好上课铃声响起,学生说完这句话后,和我挥挥手,转身回教室上课。

看着他远去的背影,我陷入了深思。有学者提出:"当前小学数学课堂教学的普遍问题是缺乏深度,集中体现在学生体验不深刻、思维不深入和理解不深透。"我在思考,这其实与教师对专业知识理解不深、把握不足,课堂教学策略不恰当,对学生学情了解不到位等都有关系。教育的前提是把学生看作有思想、有独立意志、有价值取向、有情感体验的生动的主体,要尊重学生的思考能力、沟通的可能。数学教学应该是一个讲道理的过程,要重视激发学生对数学的求知欲,使学生在自主发现问题和解决问题的过程中发展理性思维。作为一名小学数学教师,我们不应让学生给数学学习贴上"不讲道理"的标签,更不应让学生失去"质疑""思考""探究""表达"等学习的权利。

参考文献:

[1][2] 中华人民共和国教育部. 义务教育数学课程标准(2022 年版)[S]. 北京:北京师范大学出版社,2022:5—6.

2　小学数学需要说理吗?

如果问身边的朋友,小学数学需要说理吗?大概都会认为只要学好基本的加减乘除,会算、会做就够了,社会上大部分的人仅仅靠小学数学所学到的知识和技能就足以应对自己的工作和生活,还要说理做什么?如果问小学数学教师同样的问题,也仍有部分教师觉得数学不需要说理,追问其不需要的原因,一是因为数学的法则、定律、公理等这些知识都是几千年的历史积淀而成的,没必要去一一说理;其次,是觉得有些数学知识背后的道理学生可能尚不能理解,说不清楚,或者说了也不懂。

前几年小学数学教育质量监测命题中,解答题中出现频率最高的文字是"写出你的理由",要求学生不仅写出数学结果,更要表达出其中的道理。可是,除了部分学生能表达出隐含在知识结果背后的数学道理,或自己的思考过程,更多的学生面对"写出你的理由",是束手无策的。有的学生在题本写下"我不会写";也有的写下"不知道写什么";还有的写道"没写过";更有的索性弃题不做。

这一现象，不仅侧面呈现了课堂中不讲理的现象，也让我们看到教师对数学本质道理的漠视。

那么，小学数学到底需不需要说理？透过监测中"说理"的这一视角，又可以窥见质量监测要传递什么信息呢？

我想，质量监测向我们传递的是，在数学的世界里，最重要的不是"已经知道了什么"，而是"怎么知道的"，体现出的是对数学学科本质内容的学习和教育的要求，关注的不仅是学生对基础知识和基本技能的掌握，更是学生数学能力的发展，反映出的是社会发展对人的素养要求。

《义务教育数学课程标准（2022年版）》提出了数学独特的教育功能：数学在形成人的理性思维、科学精神和促进个人智力发展中发挥着不可替代的作用。数学素养是现代社会每一个公民应当具备的基本素养。[1] 数学为人们提供了认识与探究、理解与解释、描述与交流现实世界的方式，这样的方式是理性的科学的。作为一个教育工作者，我们理应关注数学学科独特的育人价值，引导学生在探寻数学本质的过程中，从学会观察开始，和数学讲道理，能思考，善表达，逐步形成和发展数学核心素养。

【案例1】统计图中的问题

下图是某个学校5月份某周的用水量统计图，你觉得哪个数能代表这个学校每天的用水量情况？请说明理由。

学校上周周一到周六用水量统计图

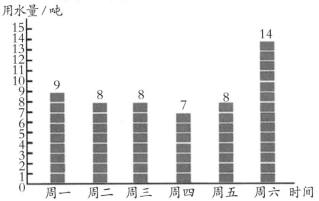

在以往练习中，常见检测的目的一般指向学生是否会算平均数这一知识技能，提出"请求出这个学校本周的平均用水量是多少吨"，忽略了对学生数据分析意识、解决问题能力的培养，导致学生把数学和生活割裂开来，造成对数学的片面认知。

本题让学生寻找代表这个学校每天用水量情况的数据，不仅指向平均数这一意义的考查，打开了学生的观察视角，更在后面提出"请说明理由"的要求。面对如此开放又富有挑战的问题，"说理课堂"实践中的学生，会有什么样的思考？又可能得到什么样的发展呢？以下是几个学生的回答：

生1：我选择用"9吨"来代表每天的用水量，我用"(9＋8＋8＋7＋8＋14)÷6＝9（吨）"，所以每天用水量大概在9吨左右。

生2：我选择用"8吨"来代表每天的用水量，我也算了平均数，用（9＋8＋8＋7＋8）÷5＝8（吨），因为周六用水量是14吨，比平时的用水量多太多，说明这天可能有活动，所以我觉得这天的用水量不能代表每天的用水量。

生 3：我选择"8 吨"来代表这个学校每天的用水量情况，因为"8 吨"出现的次数最多，可以看出每天用水量大概在 8 吨左右。

……

在这样鲜活又有趣的现实问题情境中，学生个性化的思考还有很多。从他们的回答中，可以看到，"说理课堂"中的孩子，不仅会计算平均数，而且能结合所学的数学知识，主动用数据说理，其中不乏有根有据的分析和表达，有的深入平均数的内涵，从不同的思考视角提出用平均数来表示；有的则拓展了对平均数的认识，用辩证的眼光分析数据；有的来到更宽广的数据分析视角，提出用出现次数最多的数据来表示。在这中间，我们可以想象到，学生的个性思维在不断地绽放。

我们生活的世界是丰富多彩、变化万千的，这个世界的人无时无刻不在运用自己的思维活动并结合数学方法去认识、表达甚至是改造这个世界，数学是一切科学技术的基础，科学可以借助数学来发现并解决问题。知识是有限的，而想象力才是无限的，所以数学的发展与思维有着密切相关的联系。说理，就是在数学和生活之间、数学与思维之间建立起联结的桥梁，让学生学习数学，研究数学，创造数学，构造数学。

说理，要求学生能清楚地表达自己思维的过程与结果，这就必然要求学生能获取信息，能对所获取的信息进行加工，能对自己头脑中的想法进行梳理，进而将感知和加工后所得到的思考结果表达出来。从这一视角，再来回看我们的课堂，怎样发挥质量监测的导向作用，真正助推学生的学，改进教师的教？

郑毓信教授提出：我们应当通过数学帮助学生学会更清晰、更深入、更全面、更合理地思考，包括由"理性思维"逐步走向"理性精神"。[2] 数学的学习不仅是计算和解题，知道"是什么"，更重要的是通过数学学习，在"为什么""怎么办"的追问中，形成有条理、合乎逻辑的思维方式，发展其理性的思维，培养学生适应未来发展需要的能力，促使学生形成数学核心素养。

【案例2】为什么长方体的体积等于长×宽×高

常听老师们上"长方体和正方体的体积"这一课，常见教师结合具体情境和实践活动，通过用小正方体摆长方体的活动，并在表格中记录相关数据，进而通过观察、分析和归纳，发现长方体体积与它的长、宽、高之间的内在联系，总结出长方体的体积公式。在安排得很紧凑的学习过程中，学生虽然往往能够很顺利地发现和掌握长方体的体积公式，但探索的兴趣并不浓厚，关注的重点也不在于理解长方体体积公式的生成原理。

后来我尝试执教这节课，第一次教学，从体积单位入手，让学生在"猜一猜，体积是1立方分米、3立方分米、8立方分米的立体图形分别长什么样"的活动中，一次次想象和推理，体会立体图形的体积可以通过数体积单位的个数得到；又结合长方体体积的探索活动，理解"长方体体积＝长×宽×高"的本质道理。与前面课堂情况相比，虽然课堂上学生都在说理，也能在探索中深入体积的内涵，理解长方体体积公式的道理，但回头反思，我总觉得这节课中，学生跟着老师设计好的思路一次次地想象、数体积单位，教师教的痕迹很重，再看学生的学习，自主探究的味道并不浓厚。

思及问题产生的原因，我对还没学习本节课的学生进行了一次前测，这才发现，原来多数学生还没学习这节课之前，已经知道了长方体的体积公式。那么，基于学生的学情，这节课还可以怎么上呢？带着这个思考，我对这节课又进行了重构。

第二次执教这节课，一开始，我一反常态，直接提出问题"知道长方体的体积怎么计算的请举手"。百分之八十以上的学生高举双手，追问他们怎么知道的，有的是父母亲教的，有的是看书，还有的是课外学习。怎么才能更好地激发学生的探究欲望？

【教学片段一】

师：这节课本来要学习长方体的体积，可是你们都会了。收拾好东西准备回家吧！

生：（笑）不好。

师：都会了，为什么还不收拾东西回家？

生：我还不知道为什么要用这个公式求长方体的体积。

师：为什么是"长×宽×高"是吧？你不是课外学习了吗？

生：但是他们只告诉了我公式，没告诉我理由。

师：那你们觉得我们接下来应该研究什么？

生：为什么长方体的体积等于"长×宽×高"。

从课堂的对话中我们可以看出，学生的"知道"仅仅停留在长方体体积公式的表面，虽不知道"为什么"，但他们渴求能理解公式背后的道理。当学生的好奇心被放大时，自驱力的阀门也就得以打开。当课堂出示一个长方体（如下图），让学生探究长方体的体积为什么等于"长×宽×高"时，学生呈现出了高质量的探究与思考。

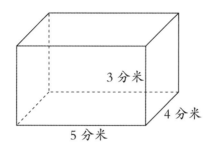

3分米

4分米

5分米

【教学片段二】

生1：我有两个方法。一个方法是：长方形一个面的面积是5×3＝15（平方分米），它有4个这样的长方形，体积就是15×4＝60（立方分米）。另一个方法是：1个小正方体体积为1立方分米，这里共有5×4×3＝60（个），所以大长方体的体积等于60×1＝60（立方分米）。

生2：为什么"前面的面积×宽"就能得到体积呢？

生1：一层是5×3＝15（平方分米），有4层，就是15×4＝60（立方分米）。

生3：我的思路是找单位，先从一条线段的长度入手，长5分米就是以1分米为单位，可以分成5个这样的单位。宽4分米的这条线，就可以等分成4等份，这样整个面就可以等分成20个1平方分米的小正方形，那么整个面的面积就是4×5＝20（平方分米）。它的高度是3分米，可以分为3个1分米，棱长为1分米的立方体的体积为1立方分米。那么长方体有这样的5×4×3＝60（个）小正方体，所以它的体积是5×4×3＝60（立方分米）。

生4：我利用搭积木的原理。首先用长、宽、高都是1分米的正方体，填入它的第一层，第一层就会有20个这样的正方体，它的体积也就是 20 立方分米。长方体的高是 3 分米，而正方体的高是 1 分米，所以只要把这个 20 再乘 3 就是这个长方体的体积。所以 5×4 代表一层 20 个小立方体的体积，乘 3 代表这个长方体中有 3 层，所以 "5×4×3" 就是长方体的体积。

生 3：他说得比我好。他结合了生活中人人都搭过的积木，而我是用大家都没接触过的三维向大家介绍的。

在问题的引领下，学生主动穿过长方体体积公式的表面，经历思考、探究、表达与交流等实践活动，借助直观想象，追溯体积公式的原理，发现不论是从面积的计算经验迁移，从一维链接到三维的空间思考，还是从生活中的搭积木方法来拼摆，都是 "用体积单位的个数来刻画长方体的体积"。从个人的思考到全班的交流，逐步深入，领悟长方体体积公式的道理。可以说，这样的说理，是一次学习上的行动，亦是一次思维上的生产。在这个过程中，学生不断创造，不断碰撞，既形成自己的数学理解，又促进对数学本质的理解，实现认知的完善和理解的丰富，构建属于自己的认知过程的同时，也逐步形成理性的数学思维方式，让数学学习洋溢着真实与深刻。

数学是讲道理的。作为一名数学教育工作者，我们要做的，就是不断带领着学生回到知识的原点，在说理与思辨中学会独立思考，学会与人协作，学会解决问题，发展学生的理性思维能力。

参考文献：

[1] 中华人民共和国教育部. 义务教育数学课程标准（2022 年版）[S]. 北京：北京师范大学出版社，2022：1.

 构建说理的数学课堂

［2］郑毓信. 为学生思维发展而教——核心素养大家谈（下）［J］. 小学教学，2017（5）：5.

3　如何理解"说理课堂"

"说理课堂"是基于儿童的认知水平与思维特点，以知识为载体，教师在经历"说数理""知学理""明教理"的过程中，力求回到育人原点，以"行道理"的教与学，还学生思考的权利、好奇的权利、表达的权利与交流的权利，使学生经历知识的生成之道，再创造知识的证实之理，彰显知识与学生发展的意义关系，重构数学学科教育的图景，以促进学生数学思维的提升，培养学生的理性精神，实现数学学科教学的育人价值。

一、说数理，还课堂以温度与深度

数学深刻反映了现实世界的空间形式和数量关系。无论是概念的定义，还是公式的结论，或者是法则的发现等，教材上虽隐去了知识的形成和发展过程，以静态的形式呈现，但其产生和发展都是有道理的。所以，数学课堂，应说数学之理。

数学该说什么"理"呢？首先要说数学的生成之理，体现为说明白数学知识中的因果和逻辑，即每一个数学知识的生成，从数学抽象、数学演绎到数学应用，也就是数学的生成之"道"；其次还要说数学的证实之"理"，体现为说明白每一个数学结论背后的"之所以然"，从合情推理到非形式化演绎推理的过程，也就是数学的证实之"理"。例如：教学"3 的倍数特征"一课，当学生明白判断是否是 3 的倍数特征只要看"各个数位上的数字之和能否被 3 整除"时，此时学生并未真正地理解数理，教师要引导学生去探究为什么"判断 3 的倍数特征只要看各个数位上的数字之和能否被 3 整除"的道理，让学生在演绎推理中，理解判断背后的道理，才能真正地让学生理解数理。怎样说"理"？首先要围绕数学核心内容，从现象或问题入手，抓住数学的本质特征，设计"好"话题或者关键活动，让学生通过搜集信息、合作交流、对话质疑等活动，展示数学思想方法和数学思维的过程。如教学"认识负数"一课，围绕"假如这世界上没有负数可以吗"这一话题，让学生借助已有的认知经验，在质疑对话中理清负数产生的意义，提升学生的思辨能力。其次，数学的"说理教学"，就要用数学的工具进行表达。数学的工具包括符号语言、图形语言和文字语言。数学说理的形式具有多样性，可以是解释说明、举出例证（包括正例与反例），也可以图示、类比。各种形式的实质都是抽象、归纳、演绎、分析和综合等数学思维的外显，必然涉及到数学的概念、判断、推理，以及数学运算、数据分析、几何直观、数形结合等等数学活动。我们可以根据内容需要，灵活应用，多维建构说理途径，以求事半功倍之效。

说数理既利于学生对所学数学知识的理解掌握，又有利于培养学生阅读与理解、思维与表达的能力，发展学生探究未知世界的精神。说数理也蕴含了数学教学的深意，涵养了课堂的温度、丰厚了课堂的积淀与意蕴。

二、知学理，还学生以自主和探索

在《学习论》一书中，施良方教授提出，学习是指学习者因经验而引起的行为、能力和心理倾向的比较持久的变化，这些变化不是因成熟、残疾或药物引起的，而且也不一定表现出外显的行为。可见，在学习过程中，学生学习行为、思想、能力等的变化体现为学生的学习是否真正发生、是否有层次、有深度。

有一次，笔者听"除数是小数的除法"这一节课，执教老师做了精心的设计。解决"怎么用以前学过的知识计算 $3.5 \div 0.7$"这个问题时，教师在个别学习能力较强学生回答之后，及时把学生的想法再详细复述、讲解一遍，并配合呈现准备好的课件，运用数形结合的方法，精讲了"$3.5 \div 0.7$"的算理，课堂显得既流畅又高效，学生看似掌握了本节课的知识。然而，只有几个学习能力较强的学生配合发言的课堂，突显了教师的"教"，却忽略了学生的"学"。像这样，教师讲得越多越清楚，学生"学"的机会和空间就越小，意识就越弱。长久以往，学生便会丧失"学"的能力。

苏联教育家赞科夫主张处理好教学与发展的关系，提出教学要在学生的一般发展上取得尽可能大的效果，确立了教学必须"使学生理解学习过程"等原则。这一原则要求教学过程要着眼于学习活动的"内在"机制，学生在理解知识本身的同时，也要理解并学会怎样学习。

以学生为主体、以学习为中心的"说理课堂"，倡导把学习的责任还给学生，还学生思考的权利、好奇的权利、表达的权利和交流的权利。不仅要让学生知道"学什么"，能了解知识与知识之间的关系，把所学的知识进行融会贯通、灵活运用；更要启发学生主动探寻"为什么学""怎么学"，能寻找到学习知识的途径，通过学习的过程理解学习，提升学习能力。在"说理课堂"中，学生往往源于内心的需求，不再只是把"知识"作为研究的对象和目的，更把"知识"作为一个载体，在探寻中主动究理、寻理、明理，架构起"问题"与"真知"的桥梁，促进自己更具深度、广度地进行思考与学习体验。

如果说"知识"是人类认识世界、分析世界的结果，那么"说理课堂"中的"学习"就是学生透过对知识的探索与理解，来建构认识世界、分析世界的方式。这样的"学"，既发展出学生独立、协作的学习关系，又帮助学生收获学习经历所凝聚成的理性精神和智慧，并从中长出崭新的自己。

三、明教理，还教师以通透与突破

在瞬息万变的时代，教育早已不是传道授业这么简单了。譬如提问这个能力，在每个儿童身上都非常饱满，但在儿童成长的过程中，却在不断消散。是什么原因让长大以后的学生内心成了好奇心的荒漠？如果教育只是传道授业，那么几乎所有知识都只在给予答案。不可否认，好奇心的缺失与长久以来教育工作者"教"的行为有一定的关系。在充斥着答案的世界里，好的提问已然成了稀缺的资源。站在"未来"的教育视角，立于日新月异的今天，我们不仅要明白"学"的深刻内涵，更要以一种新的视角来看待"教"这个行为，厘清"教"的真义。

教育是一门科学，也是一门艺术，是有规律可循的。而教学是教师引起、维持或促进学生学习的活动，面向的是鲜活的、富有个性的、思维发展水平各不相同的学生。对于小学数学教学而言，教师的"教"不仅要帮助学生理解知识的本质道理，还要遵循学生认知发展的规律和特点，根据教学法和教学原则，选择恰当的方法，以知识为载体引领学生展开主动的学习，追寻知识背后所承载的思想方法和价值意义。

早在 1657 年，捷克教育家夸美纽斯在他撰写的近代教育史上第一部体系完整的教育学著作中，开宗明义"要找出一种教育方法，使教师因此可以少教，但是学生可以多学"。

在"说理课堂"中，教师"教"的角色已悄然发生变化。过去，我们思考怎么教；现在，我们站在学生的角度思考怎么学，从"学"的角度、"育人"的高度来思考"教"的真义。"教"是为了"不教"。作为学习组织者、引导者与合作者的教师，我们要面对挑战，努力做到"精问"——课堂要精心设置及提炼合适的探究问题；"善等"——教师需有耐心，学会等待，做一位安静的参与者；"会听"——在积极的聆听中真正理解学生的想法，与学生共鸣，推动课堂整体前进的方向；"少言"——教师的语言少一点，干净一点。要做到这些，需要每一位教师对数学有深入的把握，对教学有丰厚的认识，对教育有深刻的理解……真正认识"教"所蕴含的深意，不仅可以实现教师的专业成长，突破"习以为常"，还可以在这样的课堂环境中引发学生广阔的好奇心，留给学生更多思维的空间和互动的时间，最大限度地激发学生的潜能，使学生在多样的弹性发展空间里学会学习。

四、行道理，还教育以理性与创造

正所谓，行之有道，道是自然存在和发展的规律，要遵循法则而为之。教育的"道"是把学生看作有思想、有独立意志、有价值取向、有情感体验的主体，尊重学生的思考能力、沟通的可能。不论是哪一门学科，都应考虑未来社会需要什么样的人才，学生需要什么样的学习；都应从学科教学走向学科教育，帮助学生在真正的学习中看见自己、发展自己，成为最好的自己，使教育真正回归到"人"。从这个意义上看，知识也不再只是前人的研究成果，更是赋予学生素养成长与精神发育的载体。

"说理课堂"不仅是学知识，让学生知晓知识发现的背景、存在的条件以及解释客观世界的适用范围，更能激发学生自觉学习，让学生通晓学习中的道理，在阅读中习得分析与理解，在思考中习得责任与体验，在交流中习得表达与协作，在审辨中习得接纳与批判，在尝试中习得想象与创作……我们不仅要启发学生认识到知识不是僵死的、不变的，而是随着条件的变化不断发展，更要鼓励学生把习得的思维方式和解决问题的能力迁移运用到新的环境和挑战中。有了这样的智慧和能力，在未来的社会实践中，学生才有可能用积极的态度、批判的精神、理性的思维、丰富的想象力在已有的基础上发现和创造、推进和发展新知识；才有可能打破经验的樊篱，突破学科的瓶颈，往"内"认识真正的自我，往"外"架构与世界接轨的桥梁。如此，突破知识表层、潜入学习深处的"说理课堂"，以立德树人为根本任务，实现"知识"的多维教育价值。使学生形成自主探索的学习观，迸发"学"的力量；使教师形成"育人"的教学观，深化"教"的智慧。以"教"与"学"观念的转变，促进学科育人价值的实现，最终形成学科教育的价值观。

综上所述，我们不仅要和"知识"说理，更要和"教"说理，和"学"说理。因为"说理课堂"的实践，可以使得课堂在"知识"的再发现与再创造中变得更加丰富与厚实，更加立体与深远；使得学生在"学"说理中习得知识，悟得数学这门学科所赋予的理性魅力，发展自己；使得教师在与"教"说理中发掘数学这门学科在培育学生核心素养、促进学生发展中的价值，在挑战中突破，与学生一起去往"学习"的远方。如此，我们就可以在"教与学"中回到树人、育人的教育宗旨，更好地感受教育的温润与美好，更好地体会教育的智慧与光芒。

二　说理课堂的学习方式

◀◀◀◀

慢下来，让孩子慢慢来

一次下校听课，恰好听到专家在点评合唱，她是这么说的："合唱一定要看指挥，要不唱着唱着会惯性往前冲，很难慢下来。指挥的起落很重要，不能只挥自己知道的节奏，让别人来猜。"

由此，我想到了课堂。

指挥如果只挥自己心里想要的节奏，自挥自嗨，哪怕加戏再多，外在看起来很美很有意境，也达不到"合"这个标准。迁移到课堂，这种"自嗨型"的教师还真不少见。他们基本上心里装的都是自己的设计（预设），戏份多，戏料足。一堂课，自始至终握紧教学的指挥棒，自导自演，全然不顾学生的感觉，仅让学生以"观赏者"的身份对教学内容浅尝辄止，根据人的思维惯性，这种课很容易越上越快，学生只能沿着既定的通道，行色匆匆地穿越知识的丛林。这种被奉为"高大上"或"大师级"的表演课堂，我们姑且称它为"满汉全席"的课堂吧。安徽蒋承飞老师在参加明师之道工作坊研修时说："每次问完问题后，我都会停顿两秒，我以为这两秒钟的等待就是把课堂还给学生了。"蒋老师反思着课上那"两秒的等待"，学员们深以为然。

慢下来，我们才能准确地感知到学生思维的光，让学生有更多机会展示自己的作品（想法），使得学生有更多的独立思考、共学的机会，"学会"才能真正让位于"会学"；慢下来，认真地去倾听每个音符跳动的声音，让它们慢慢地找到既定的位置，最终必将汇合成动人的乐章；慢下来，学生才能不断想象与创新，拥抱主动思考、探究、合作等未来发展需要的能力。

如果教师追求的是那种众星拱月般的存在感和先知先觉的优越感，这种快感刷多了，自然是慢不下来了。我们要笃信思考的力量、学生的智慧、教师的自觉意识和扎实行动才是推进素养课堂变革的根本。《义务教育数学课程标准（2022年版）解读》（史宁中、曹一鸣主编）中指出："没有独立思考的过程，学生很难实现对问题的真正理解和掌握；没有互动交流的机会，学生也很难从不同的角度看待问题和解决问题。"而一问一答式的师生互动学习只是停留在表面，看似有"深度"（内容跨度大）实则不能激起学生真实的挑战，还代替了学生的思考。

不论是从心理学的角度还是社会学的角度分析，规定（光听不想）的东西多了，就框住了学生的思维，窄化了创造空间。学生的健康成长离不开价值感、自我管理的向内生长，而这个机会需要学校、家长、社会一起维系创生，我们能做的就是：慢下来，在课堂上为学生创造更多"学"的机会。

所以，请你慢下来，让孩子慢慢来。

1　质疑，敞开学习的大门

　　好奇心是学生探索世界的力量源泉，课堂教学要保护和激发学生的好奇心，并把提出问题的方法教给学生，鼓励学生提出真问题，培养学生质疑问难的精神，这是形成核心素养的基础。这就意味着，教学中教师要善"退"、善"慢"、善"沉"，方能使学生真实的问题得以暴露，思考的力量得以迸发，驱动学习得以真正发生。

一、退下来，直击认知盲点

　　日常教学中，教师基于对教材的理解和对学生原有经验的猜想提出问题，但学生已经知道了什么，还想知道什么，教师却不能轻易下结论。因此，教师的教学要适时地退，还给学生思考的空间，启发学生直面已知，触碰认知盲点，发出真实的质疑，从而使认知盲点化身为学习的起点。

　　例如，在人教版三年级上册"口算乘法"这节课教学时，通过课堂前测发现学生基本都会计算，那么本节课的教学要从哪里打开突破口呢？还能帮助学生获得什么样的成长？退即是进，适时地退下来，更容易激发学生去思考、去探索。教师的教学可以从"口算乘法"的课题开始，使学生自然联想到乘法口诀表，并提出问题："有个二年级的学生，背到'九九八十一'时，产生了一个疑问，你们有疑问吗？"激发学生的好奇天性，促使学生反观自己，引发内心的自我反省：同样是背诵乘法口诀表，别的小朋友有疑问，我呢？我真的完全认识乘法口诀表了吗？学过了还有什么疑问呢？审视、批判的味道瞬间充斥课堂，促使学生在问题中走向内心的真我，进而用新的眼光重新审视旧知，驱动学生逆向思考，从"是什么"跃进到"为什么"，提出自己的真实问题、真实困惑：乘法口诀表为什么只编到"九九八十一"？真实的问题直击学生的认知盲点，直击口算乘法的本质之处。

这样的退，不仅将学习聚集在学生的认知盲点，更将认知盲点转化为学生认知迭代的生长点，启发学生从"知其然"的表面走向"知其所以然"的深处，并意识到学习就要勇于思考、敢于质疑。在这一过程中，学生良好的质疑精神和思维品质悄然生长。

二、慢下来，聚焦认知堵点

随着时代脚步的加快，知识的更新速度也在加快，课堂教学也常被裹挟着前行。在看似速度快、效率高的课堂里，学生表面上学到了很多知识，但未必能理解知识的意义与联系，学习能力也未必能得到真正的发展。或许，这时更应该让课堂教学慢下来，在学生的认知堵点处慢下来，让学生在反复考虑中产生好奇，将认知堵点化为理性思维的支点，进而投入深层次的思考与探索，享受学习的过程。

例如，在人教版五年级下册"真分数和假分数"这节课教学时，课始的交流中就有学生提出已经知道了什么是真分数、假分数，但对于假分数的来龙去脉一无所知，充满了好奇和疑惑。针对学生的疑惑，我适时提出问题：如果以一个正方形作为单位"1"，你会表示出四分之几？学生基于原有对分数的认识，认为把单位"1"平均分成 4 份，可以取 1 份、2 份、3 份、4 份，所以能表示出 $\frac{1}{4}$、$\frac{2}{4}$、$\frac{3}{4}$、$\frac{4}{4}$。此时学生的思维在"分"和"取"之间遇到了阻碍。在这个认知堵点处，有一位学生认为：可以表示所有的真分数和假分数。很显然，这一观点的提出与大部分学生的认知经验相悖。此时，教师让课堂慢下来，在学生的进一步探究前延迟评价。在这样的静默中，矛盾得以激发和放大，学生的质疑精神瞬间被点燃："平均分成 4 份，取出 5 份，怎么取呢？""怎么样也不能取其中的 5 份啊！"教师让持不同观点的学生走上讲台，在黑板上边画边解释："再画一个正方形，用 5 个 $\frac{1}{4}$ 表示 $\frac{5}{4}$（如图 ）。"这一方法的提出并未解决其他学生的困惑，而是引发了新一轮的质疑："再拿一个正方形就变成了平均分成 8 份，这样一来就是 $\frac{5}{8}$，而不是 $\frac{5}{4}$。"学生的思维于另一个堵点处再次聚焦，在这样的冲突中质疑释放出强大的张力，一次次触发学生想说理的燃点，催发学生在直观中思辨，感悟单位"1"的关键性，厘清 $\frac{5}{4}$ 和 $\frac{5}{8}$ 之间的联系和区别，最终实现对真分数、假分数的本质认识。

教学是一门慢的艺术，很多时候真正的学习都是在"慢"中得以发生的。从某个角度来说，让课堂慢下来是对学习本质的回归。在这样的"慢"中，能充分考虑学生的思维堵点，考虑学生的个性化需求和可能的生长，激发学生从已知到未知进行自主探索，挖掘出创造性的潜能，既能让学生审视自己的思考，又能辩证地分析他人的想法，全身心地投入到对知识深层次的思考与探究、体验与感悟中，最终在反复推敲、思辨中享受理性的数学学习过程。

三、沉下来，深挖认知痛点

学习的过程是不断"发生着"的过程，是"教"与"学"相互作用、相得益彰的过程。从某种意义上说，"教"不是学习的重点，而是作为"学"的辅助、"学"的支持，"学"才是课堂的根本。要想帮助学生学得好，不仅需要整体把握内容，还要准确把握学生的认知痛点，并找到产生痛点的原因，不断地启发学生深挖沉潜、思考求索。例如，在人教版五年级上册"小数乘整数"这节课教学时，自主计算"2.13×4"的前测中出现两种情况（如下图）。

$$
\begin{array}{r}
2.13 \\
\times \quad 4 \\
\hline
8.52
\end{array}
\qquad
\begin{array}{r}
2.13 \\
\times \quad 4 \\
\hline
8.52
\end{array}
$$

从计算结果来看，不管是小数点对齐还是末位对齐，都能得到正确的结果。这一细节看似无关紧要，实际却是学生的认知痛点。有的学生将自己的思维固定在"小数加减法列竖式时小数点要对齐"这一局限中，有的学生则考虑到把小数转化为整数计算，想的是整数乘法的列竖式方法。可见，学生虽然还没学就会算，但实则遇到了问题，内心可能产生困惑。

如何基于学生的认知痛点，帮助学生站在"乘法"这一单元视角深入思考并理解小数乘法的算理呢？教学中，教师适时呈现学生前测中出现的两种列竖式的方法，并提出问题：计算 2.13×4 时有没有什么困惑？启发学生回头看自己列的竖式，进而暴露自身内心的真实困惑：竖式中的 4 写在 2 的下面还是 3 的下面呢？恰当地放大疑问、适时地驻足，为学生提供了一次深挖沉潜的机会。学生思考后，或联想小数加减法的竖式计算，或从整数乘法想起，各抒己见，辩论不停，"学"的味道在说理中愈发浓郁。而一个整数乘法竖式的介入（如下图），又进一步为学生提供了整体认识乘法的机会，在整数乘法和小数乘整数中搭建桥梁。

$$
\begin{array}{r}
2.13 \\
\times\ 4 \\
\hline
8.52
\end{array}
\qquad
\begin{array}{r}
2.13 \\
\times\quad 4 \\
\hline
8.52
\end{array}
\qquad
\begin{array}{r}
213\,|\,0 \\
\times\quad 4\,|\, \\
\hline
852\,|\,0
\end{array}
$$

沉下来的学习过程使学生在头脑中反复思考、反复推敲，最终在一系列的探究、观察与思辨中逐步抽象和厘清"末位对齐，实质是把小数乘法转化为整数乘法来计算"，也就是先以"一"为计数单位算一算有几个一，再根据乘数中的 2.13 是"213 个 0.01"来确定积的小数位数，实质是在确定准确的计数单位，使学生主动从"竖式中的 4 应该写在哪"的纠结走向"写哪都行"这一道理的明晰，体会"末位对齐"的统一与便捷，主动站在乘法运算的制高点，沟通小数乘法与整数乘法运算的一致性，突破原有的认知瓶颈，化认知痛点为成长契机，学会用整体的、联系的、发展的眼光看问题，形成理性的思维品质。

综上所述，教学应在学生的认知盲点处退下来，在认知堵点处慢下来，在认知痛点处沉下来，以学生的真实问题为起点，以学生的真实需求为方向，无限放大问题的力量，鼓励学生理性思考，深入分析、评价和创造，进而帮助学生把知识作为"学"的载体，在"学"中主动究理、寻理、明理，架构起问题与真知的桥梁。在丰富认知的同时，收获学习经历所凝聚成的能力和智慧，从而落实核心素养的培育，让学习得以真正发生。

2　表达，搭建学习的阶梯

——以"你知道吗？"一课为例

　　课堂上，让学生充分表达是很多教师绕不过去的一道坎，既怕学生说不清楚，又怕学生说得太清楚，还怕学生说的话自己临时反应不过来等等，于是紧紧地把控着课堂的话语权。但数学是讲道理的，能培养学生有条理、有逻辑的思维品质。而表达是思维的反映，也是促进交流和沟通的重要工具，所以数学学习应给学生创造表达的机会，让学生充分表达。

　　说理，就是一种理性的表达。数学学习应发挥有限知识内容的载体作用，在课堂上营造说理的氛围，启发学生对知识产生好奇心，对说理产生渴求，使学生主动经历思考、咀嚼、理解的过程，把潜在的数学思维和认知结构进行梳理，转化为外在的语言形式，进而在充分、自由的表达碰撞中，追寻到知识的本质，走向真正的学习。那么，课堂该怎么启发学生的表达，帮助学生构建起表达的能力呢？下面，以人教版五年级"你知道吗"一课为例，谈谈我的思考与实践。

一、说理，孕育表达的氛围

真实的课堂从学生敢于表达开始。说理课堂中，话语权不再把控在教师的手里，摒弃教师"独白式"的教学方式，提倡尊重、平等的"对话式"教学，让学生在这样的氛围中打开表达的窗口。为此，我始终将学生"敢说""放心说"摆在重要的位置，借助课前的谈话，为学生营造一个敢大胆说、能大声说的氛围。

面对第一次见面的学生，可以用聊天方式和学生一起迈进课堂。这样可以让学生缓解紧张情绪，放下思想包袱，从不敢表达、不敢大声表达，到放心、大胆地表达。说理，让学生有话敢说。

二、说理，激发表达的诉求

我们知道，学生最大的学习障碍有时不是出现在陌生的地方，而是出现在自认为信心十足、完全掌握、没有任何疑问的知识上。面对学生已经知道的知识，比如2、3、5的倍数特征学生已经知道了，但却不清楚其本质道理。那么，教学该从哪入手，才能触动学生表达的欲望，使学习得以开启呢？我们要做的是：启发学生主动反观已然熟悉的知识，产生好奇，发现值得探究的任务，引发表达的诉求。

【教学片段一】

师：5的倍数看个位，3的倍数看各个数位上数字的和。有疑问吗？你会有什么疑问？

生1：为什么3的倍数特征和5的倍数特征不一样？

师：这个问题是不是一个好问题？掌声送给她。

（学生鼓掌）

生2：3的倍数特征为什么不看末位，而要看各位数字的和？

生3：为什么它们都是数，会有那么多不同的整除特征呢？

生4：9是一个合数，3是一个质数，为什么它们两个的整除特征是一样的？

"有什么疑问吗？"点燃了学生的好奇心，使得学生用"新的眼光"看待熟悉的旧知，驱动学生找到理性思维的突破口，跳出原有的经验和既定的知识，想要通往盲区背后的"为什么"。此时，思维的实质在表达中得以外显，学生随着"好奇"的发酵与拓展，产生想探究、想说理的诉求，进入真正的学习。

三、说理，驱动表达的碰撞

怎样的表达才是"好"的表达？有时，课堂上学生一直在说，但只是纯粹的"说"，达不到"数学表达"的层面。"好"的表达是有思考的，是有碰撞的。说理课堂重视学生思考与表达时间的充分留白，要求学生的表达不仅要"自己听懂"，更要"他人听懂"；不仅要说清楚思考的"物"，更要说清楚思考的"理"。

1. 表达，从"负责任"开始

【教学片段二】

（学生讨论"5的倍数为什么只看个位"，大约40秒后）

师：你确定和他交流了吗？

生1：确定。

师：他（生1）和你（生2）交流了吗？

生2：交流了。

师：为什么你（生1）举手了，他没举手？是他的责任还是你的责任？

生1：我认为可能都有责任。

师：都有责任怎么办？

生1：详细地交流一下。

师：他的建议好不好？再给你们一次机会详细地交流，开始。

（学生再次交流）

师：第二次详细交流，很明显负起责任来了。老师实在佩服你们！更值得骄傲的是，他举起手了，掌声送给他。

如何让学生从会做走向会说？一句"谁的责任"，驱动学生反思自己的表达是否让他人听得懂；而"怎么办"，引发学生提出"详细交流"的要求；"负责任的交流"，又触动学生审视思维的逻辑，推敲、修正表达的方式。我们要相信学生，慢下来，给学生表达的机会，让学生从"负责任"的表达开始，推动同伴的变化与发展，方有"没举手"到"举起手"的惊喜，有"自己听懂"到"他人听懂"的蜕变。

2. 表达，借"听得懂"深入

【教学片段三】

（交流"5的倍数特征"为什么只看个位）

生：举个例子，比如是10的话，把各个数位都加起来，就是1+0＝1，不能整除，如果直接看末尾的话，那么是可以整除的。

师：听懂她发言了吗？（多数学生摇头）你们虽然听不懂，但是她的发言中有值得肯定的吗？

师：她说举个例子，这是不是一个好办法？掌声送给她。下次

36　构建说理的数学课堂

思考完要想一想，如何讲话才能让大家听得懂，好不好？

生：先从个位出发，0 在一位数里面不是 5 的倍数，5 乘以 1 就是 5，5 的倍数在一位数里面就是 5。然后，$5 \times 2 = 10$，两位数里 10 就是 5 的倍数，10 的个位是 0。接着，我们可以举一个三位数，假如是 120，它可以被 10 整除，10 是 5 的倍数，也就是说 120 也是 5 的倍数。再然后，125 除以 10 余 5，5 正好就是 5 的倍数，也就是说它也能被 5 整除，所以 125 也是 5 的倍数。

（学生鼓掌）

师：鼓掌的同学确定听懂了吗？你听懂了什么？

……

生：我觉得他讲的方法有点像位值原理。我们可以把一个数拆分成十位及以上的数位和个位，因为十位及以上的数位，其实就是……（学生卡住，教师示意到黑板上边展示边说）举个例子，假设是 3255，3255 就可以拆分成 3250 加上 5，因为 3250 是 10 的倍数，$10 = 2 \times 5$，那 3250 肯定也是 5 的倍数，现在只要看个位就行了。因为十位及以上的数位是 5 的倍数，那么只要个位满足是 5 的倍数，它就是 5 的倍数。而个位满足 5 的倍数，我们可以想象一下，其实 0 某种意义上算是每一个自然数的倍数，因为每个自然数乘 0 都等于 0；而 5×1 就等于 5，所以个位上是 0 或 5 的数是 5 的倍数。

（学生鼓掌，教师走向一位学生）

师：我发现你是第一个带头鼓掌的，你肯定觉得他说得好，对不对？你能不能评价一下他说的好在哪里？

……

（由"5 的倍数特征"迁移到"2 的倍数特征"时，学生又有了

新的思考）

生：假设这个四位数为 abcd，它就等于 $1000a+100b+10c+d$。因为 1000、100 和 10 的末尾是 0，所以它们都是 2 的倍数；a、b、c 为取自于 0～9 的任意一个自然数（$a\neq0$），所以它们都是 2 的倍数，也就是说这些都可以不看，就剩下这一个数 d，（指 d）只需要看这一个数，看它是否是 2 的倍数，我们就可以知道整个数是否是 2 的倍数。

不同的数学语言表达形式之间的互译和转换，对学生的数学学习起着重要的作用。课堂上"你能听懂吗""听懂了什么""评价一下好在哪里"等问题中，不断地鼓励学生一次次聚焦"如何表达"，把内在的思考以"他人听得懂"的方式传递出来，从迁移类推、举例说明到符号表征，多角度建构说理的途径，使学生的思维从"听得懂"逐步走向深入。由"一方"的表达引发"多方"思维碰撞的过程中，学生不知不觉地经历了一次次有意义的抽象与深入的过程，催发思维逐步走向有条理、有逻辑，实现从"言之有物"到"言之有理"的跨越。而不同语言形式间的正确识别、理解和转换，也标志着学生良好的表达能力在学习过程中得到提升和发展。

四、说理，构建表达的能力

说理是思维的延伸，表达是思维的反映。说理课堂，应启发学生进一步回望课堂，看到自己于各种途径的说理中，如何沟通起知识与知识的关系，如何勾连起表达和学习之间的关系，如何实现理性思维能力的增长。

【教学片段四】

（课件提问：今天这节数学课与平时有何不同?）

生：今天的数学课与平时不同的是，课堂上老师让我们大胆地提问，并不是直接告诉我们答案，这样能够帮助我们去积极地思考。

生：这节课老师几乎没有告诉我们到底是什么道理，让我们自己思考、自己解答、自己讨论，最终自己得出结果。我觉得这样让我们更深刻地记住了这些道理。

生：这节数学课上，每一位同学说的，老师都要让我们每一个人都彻底听懂了之后才继续往后进行。老师是想让我们每一个人自己独立思考之后，把每一位同学的话全部听懂。

生：我觉得与平时的数学课有两点不同。一个是平时我们遇到难题实在听不懂的，老师会让我们下课再自己去想或者让同学辅导。但是这节课，非得弄明白不可，而且一定是弄得非常透彻，而且不是老师去教给你怎么做，是同学教给你怎么办。我记得我妈妈之前跟我说过，往往老师教，你听不懂，同学一教你就听懂了。还有一个就是以前是在教室里上课，这次是在这么多人面前上课。

生：这节数学课不像以前的数学课，老师让我们一节课做多少多少题。今天，老师让我们推导一个过程，然后让我们自己去讨论，不直接告诉我们答案。这样的课更有意义。

生：我觉得今天老师把我们每一种方法、每一种答案都给予了肯定，不像一般做应用题的时候，一题只有一个答案是对的。我想说的是，今天方法比较多，每一种方法都是被肯定的。

生：我觉得这节课有个不同，就是这个黑板几乎是完全属于我们的，而且我感觉这节课大部分是同学来讲，老师讲的反而比较少。

"把每一个同学的话听懂""大部分是同学来讲""黑板几乎是完全属于我们的""每一种方法都被肯定"等，无疑彰显了学生数学表达的多样化，感受到"知识是随着问题的研究一步一步发展起来的"。我想，这节课中，学生不仅厘清了2、3、5倍数特征背后的为什么，更深刻体会到自己是如何借着表达说清楚自己的思考、听明白他人的想法、读通透语言的转换，真真切切地构建起数学表达的能力，搭建起通往学习的阶梯。

3 交流，遇见学习的模样

——以"小数乘整数"一课为例

数学学习的过程必然伴随着交流的过程。交流，既有利于切入问题的本质，促进对知识的理解，又启发学生学会用习惯的方式和节奏走进自己、走进他人、走进文本，在交流中学会学习，在学习中学会数学交流，最终通向数学知识的再经历、再创造。

日常教学中，我们常见课堂中的数学交流往往由教师和学优生主导，多数学生缺少交流分享的机会，学生之间也较少产生互动，越来越习惯于"听"数学，而不是"说"数学、"学"数学。以"小数乘整数"一课为例，如何帮助学生从被动的"听"数学转向主动的"说"数学、"学"数学？如何帮助学生学会用习惯的方式和节奏主动融入到交流中，构造属于自己的学习呢？

一、在交流中看见自己

如果学习只是不断地听、不断地输入各种知识与观点，一旦没有使用，转身就会忘记。这样的学习远离了真实，远离了直面探究、升级思维等过程。不管何种学习，都应启发学生走进自己、主动思考。学生天生好质疑，好的质疑能引发学生产生好奇，主动走进已有的认知经验，结合问题审视自我，批判性地与已有的经验进行对话，进而在迁移、组合、链接经验中形成自己的思考，产生可能的思想蜕变。

【教学片段一】

师：学过整数乘法了吗？

（课件：30×4＝？）

生：等于120。

（课件0.3×4＝？）

生：（教师把话筒递给两位学生，都回答）1.2。

师：奇怪了，小数乘整数学过了吗？没学过你们怎么都会呀？

怎么启发学生看见自己？认识自己？教学借由两个式子"30×4＝？""0.3×4＝？"引发质疑：没学过怎么都会呀？显露学生的现有水平，使学生站在已有的水平上内审，把自身的学习经验和知识基础与未知联系起来，直面需要解决的问题，以自己的方式展开对问题的解决与创造。有的从加法的意义来迁移，提出"把4个0.3加起来，不用乘法用加法"；有的根据两个乘法算式中乘数的关系来推理积的关系，认为"0.3是30的$\frac{1}{100}$，30×4＝120，然后用120÷100，把它的小数点向左挪两位，等于1.2，即0.3×4＝1.2"；也有的将小数乘法转化为整数乘法来计算，建议"先把0.3看成3，直接3×4＝12，3÷10＝0.3，所以12÷10＝1.2"……

整个过程中，学生在与自我的交流中产生独有的思考，迁移已有的知识经验解决问题，与未知展开说理，使得学习从看见已有的

"自己"开始，于跃向未来的"自我"探索中真正发生。

二、在交流中听见他人

每个人的成长不应该是一条孤独的航线，而是与他人的思考用各种方式交织在一起。学会看见他人的思考，学会一群人一起合作解决问题，或许才是学习的关键。教学不仅要启发学生走进自己，输出、展示自己，更要给学生拥有"听见"他人思考的机会。教学借助小明的想法（如下图），引发学生在"小明画的图表示的是哪一个算式的计算道理呢"这一问题中，将思考外显，进入讨论与交流的学习状态。

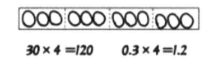

$30 \times 4 = 120$ $0.3 \times 4 = 1.2$

【教学片段二】

生：我觉得是 $0.3 \times 4 = 1.2$，因为一个○表示 0.1，所以是 $0.3 \times 4 = 1.2$。

生：一个○也可以表示 10，我觉得是 $30 \times 4 = 120$。

生：我认为两个都不是。一个○表示 1，小明的图表示的应该是 $3 \times 4 = 12$。

生：我们小组认为都可以。一个○表示 10，3 个○表示 30，4 组就是 $30 \times 4 = 120$。也可以一个○表示 0.1，3 个○表示 0.3，4 组就是 $0.3 \times 4 = 1.2$。

生：这道题太多不确定因素了，我觉得每个人说的都有道理。因为每一个圈可以表示数字 10，也可以代表 0.1。

生：每一种都有可能，每一种都有道理，但我真的不知道小明表示的是哪一种。

生：如果两种都是的话，那可能性就有无数种，可以是1，可以是2，可以是0.1，可以是0.2。

不同思考的交流中，产生了不同的意见，也触发学生跳出自己的视角，联系他人的思考，从更开阔的角度去洞察、去审视，进而提出"有无数种可能性"。此时，学生已然把自己置身于"与自己、与知识、与他人"的关系中，看见自己，也听见他人。他人的表达，触动学生与之进行内在对话，确认思考上不同之处，又兼容多样的思考。或产生质疑，或获得启示，进而使交流产生的力量不断生长，明晰小明的图既可以表示"3 个 $10 \times 4 = 12$ 个 10"，也可以表示"3 个 $0.1 \times 4 = 12$ 个 0.1"。教学继而借助问题"小明这个图还可以表示哪些算式的道理呢"启发学生进一步辩论，敞开自己的精神世界，同时接纳他人，最终获得理解和沟通，主动站在乘法意义的制高点，用系统的、整体的眼光看待和理解图中蕴含的深刻道理：可以表示 3 个任意数乘 4，进而厘清小数乘整数和整数乘法的算理本质，一样都在数有多少个这样的计数单位。说理课堂中的讨论交流，每个发言、每个观点都是一个连接点，勾连了学生的思考与交流。我们希望帮助每位学生不仅看见自己，更借助表达、讨论和交流等途径，实现人与人之间的网状连接，让每一位学生被"听见"。帮助学生不断地自我调整、自我完善，实现自我成长。

三、在交流中走进文本

文本的意义并不在文本本身，而在于阅读者与文本之间的相互遇见。说理课堂中的学习，不仅引领学生与"人"对话，还启发学生与"文本"对话，知道如何与"文本"对话，如何透过表面文本展开阅读思考和解决问题，如何提炼与表达自己的观点；更知道如何走进文本的深处，在交流中深化自己的思考，形成自己的认知方式。

"竖式中的 4 写在 2 的下面还是 3 的下面呢？"教学再次于学生的真困惑处驻足，并借助竖式文本（如右图），引发学生带着

$$
\begin{array}{r}
2.13 \\
\times \quad 4 \\
\hline
8.52
\end{array}
\qquad
\begin{array}{r}
2.13 \\
\times \quad 4 \\
\hline
8.52
\end{array}
$$

质疑，充分地透过文本中的两个竖式，深入到乘法算理中，将小数乘法与整数乘法联系在一起，深度的交流也得以充分地展开。有的联想小数加减法的竖式计算，认为 4 应对齐个位；有的则从整数乘法想起，提出可以把 2.13 看成 213，先算 213×4，结果再点小数点，所以赞成 4 和小数的末位对齐。学生各抒己见，双方辩论不停，都认为虽然计算结果是一样的，但对方赞成的对齐方式改变了算式表示的意思。教师的适时介入，会引发学生产生怎样的交流呢？

【教学片段三】

师：还有没有第三种观点？

生：两个都对。第一个竖式的 4 可以看成 4.00。

生：如果两个都对的话，平时老师还怎么改作业？

师：想不想知道小明是怎么想的？小明也发现，这两个答案都对。把 2.13 看成 213 来算，所以 4 写在 3 的下面有没有道理？

师：问题来了，想一想，2.13×4 和 $2.13 + 4$ 中的 4 表示的意义一样吗？

生：不一样，加 4 是表示加上 4 个 1，乘 4 表示 4 个 2.13 相加。

师：所以，4无论写在哪个数字下面，都可以表示有4个2相加，有4个0.1相加，又有4个0.03相加。

师：老师改作业怎么办呢？不着急，我们以前学过2130×4，这个竖式怎么列的？4写在哪个数字下面？

生：两个都可以，如果在3和0的中间画一条虚线，0就可以省略，得出积的时候再把0加上。

（出示课件如下图）

我的疑问是：4该写在哪

```
  2.13        2.13        213:0
 × 4        ×   4       ×   4:
 8.52        8.52        852:0
```

生：所以4写在3的下面，这样更简便。

师：对，这样就把2130看成了213个10，所以4写在3的下面，算出852个10。

师：想一想，我们已经把2.13看成什么？

生：当成213来计算，算出852个0.01，所以把4写在3的下面。

师：对了，数位对齐可以，但为了方便以及和整数乘法统一，一般末位对齐。

"竖式中的4应该写在哪"这个话题进一步为学生提供整体认识乘法的机会，在整数乘法和小数乘整数中搭建桥梁。从"竖式中的4应该写在哪"的纠结到"写哪都行"的统一，辩论的双方最终在说理中，深入到文本蕴含的思想与方法，不仅凸显出学生对乘法意义的感知、识别和领悟，更凸显出同伴互助交流的价值。在这期间，学生主动透过文本关联整数乘法与小数乘法，也主动关联自己与文本、与他人的思考，相互补充、相互质疑。既拓宽原有经验的边界，更使原有的零碎知识变成一个相互关联、相互统一的整体，在深刻体会整数乘法与小数乘整数算理的一致性的同时，发展自己。

四、在交流中创造学习

学习的过程是一个发现的过程，是一个创造的过程。说理课堂上的交流，能把注意力的焦点分配给每一个学生，撬动学生透过问题，带着每一次真实的思考，通过每一次真诚的交流，重新认识自己，搭建起与文本、与他人链接的桥梁，不仅思考现在，更能拥抱未来，推动自己去往更远、更广阔的天地，创造属于自己的学习。

【教学片段四】

师：通过这节课的学习，你的感受有哪些？

生1：换一个角度想问题，就会有不一样的结果。

生2：有辩论的感受，有抢话筒的感受。

生3：想问题要从多方面思考。

生4：这次辩论让我懂得，要多思考对方的角度是否是对的，不能一意孤行，只想着自己的角度。

生5：这次辩论让我明白看问题不能只看一个角度，要从多方面去看。

通过课尾的学习感受，我们可以看到学生于交流中所体会到的力量，既往深处发现自己，又不断用他人的思考映照自我，进而认识到个体的独特性及团队的互助性，领悟多维度思考带来的魅力。通过这节课的学习，学生所收获的已不局限于小数乘整数的答案，不局限于知识上的生长，更多的是展开了关于自我的真成长、学习的真思考、思想的真启迪。

所以，交流是什么？什么样的交流才能给课堂上的每一个个体带来满足感？当学生借由旧经验看到"自己"、表达"自己"，开始解惑的时候；当学生追寻知识道理的过程中越过自己、听见"他人"，最终达成共识的时候；当学生把自己融入文本思想中，走进"文本"，创造新经验的时候；当学生走进多元的交流，把自己放到"关系"中，更好地认识自我、发展自我的时候……学习早已潜入其中，充满了意外的发现和共同的探索。

三　说理课堂的策略探索

让课堂成为学生"说理"的地方

"希望小学数学课堂如行云流水一般，每一个数学概念的学习都有道理、有需求、能解决问题；每一个结论的得出都由学生自由猜想、发现和发展；每一个表达都由学生思考、整合后自然呈现。"诚如史宁中教授所说，说理课堂的追求，亦是如此。

作为学习参与者的教师，于说理课堂中，要努力做到"精问""善等""少言"。

一、精问，指的是课堂要精心设置与提炼合适的探究问题

探究的问题不宜太多，每节课围绕教学准确提炼出"核心问题"。问题可以由教师设置，更可以由学生自觉主动地提出。最理想的状态是教师创设适宜的问题情境，引发学生在好奇心的驱使下提出困惑，进而于碰撞与交流中提炼本节课的"核心问题"。有一定张力的"核心问题"具有弹性特征，能使学生的学习聚焦于"核心问

题"，主动探究、自由表达、合作交流、尝试说理，推进学习层层深入。

曾听过"路程、时间、速度"一课，课堂中出现了如下的对话：

"动物王国里举行运动会，来了松鼠和猴子，它们谁跑得快呢？"

"松鼠。"

"你怎么知道松鼠跑得快？"

"时间相同，路程多的速度快。"

"又来了一只动物，小兔和猴子比，谁跑得快？"

"小兔。"

"你怎么知道？"

"路程相同，时间少的速度比较快。"

"小兔和松鼠比呢，时间不同，路程也不同，怎么办啊？"

"可以用路程除以时间算出速度。"

短短几分钟教师一共提了 5 个问题，看似流畅的课堂教学背后，学生真的经历探究和思考了吗？细碎且浅显，甚至无需思考就可以直接回答的问题，让学生缺失了深度探索的过程，缺失了解决完整问题的能力，学习只能停留在表面。

二、善等，教师需有耐心，学会等待，做一位安静的参与者

我们的课堂中经常出现这样的"快进"场景：问题一提出，教师很快就让学生作答，一旦有学生正确作答，课堂马上转入下一个环节。在这个过程中，有的学生尚未思考完，有的甚至还没有进入思考。思考需要时间，快节奏的课堂使学生习惯性地接受学习，慢慢丧失自主学习的欲望和主动思考的渴求。单向输入的学习导致学

构建说理的数学课堂

生的个性思维不复存在。所以，教师要"善等"。

慢即是快。教师慢慢等待、安静参与的过程，是学生在充分思考的空间里不断辨析、不断输出、不断"说理"、快速完善自我想法的过程，也是学生经历知识、构建知识的过程，更是学生主动成长、实现真正学习的过程。"善等"的课堂，时间——让学生自己安排，问题——让学生自己探究，道理——让学生自己追寻，真知——让学生自己洞见。

三、少言，即教师的语言少一点，干净一点

少言的课堂不再是单向的教师讲、学生听。凡是学生能自己做的，让他们自己去做；凡是学生能自己想的，让他们自己去想；凡是学生能自己说的，让他们自己去说。

在第 21 届华东六省一市教学观摩研讨会中，来自福建漳州的邹瑞荣老师执教"梯形的面积"一课，围绕"怎么求出这个梯形的面积"，放手让学生自主探究，教师的语言占比仅为 28.27%。教师作为课堂学习的参与者，只在适当的时候点拨、引导。学生的思维不再受教师过多的话语干扰，教师的"少言"成就学生有广度、有深度的辨析、质疑、补充、修正，成就学生的自信表达、有理对话，成就知识的明晰与丰满，使课堂真正成为学生"说理"的地方。

通常情况下，提出问题比找到答案更难，而且并非所有的问题都能称之为好问题。有的问题太过平常，学生一看就能解决，只言片语就能回答；有的又远离现实生活或过于宽泛，就像在搜索引擎里输入关键词一样，如果输入的关键词不够精确，就会导致问题无解……像这样的问题都称不上好问题。

就学生的学习而言，什么样的问题才是好问题呢？其关键就在于准确把握学习内容与实际学情，在学生的现有水平和未来水平之间，可以充分地驱动学生思考与主动发展的问题，方能使学生的学习聚焦于问题，触发理性思维的展开与生长，推进学习的真正发生与逐步深入。

一、重整体，反映本质促建构

内容与内容之间是有联系的，只有明确把握学习的内容，知道所学内容在整个知识体系里所处的地位与作用，所提的问题才能起到统整、引领的作用。如何帮助学生深入地把握知识，关键是问题的设置要能反映数学本质，这就需要我们对教材内容有整体的把握和解读。

比如，北师大版五年级下册"长方体（二）"是在学生已学习长方形、正方形等平面图形的测量，认识长方体、正方体的特点，长方体、正方体表面积的意义及计算的基础上展开学习的，同时又是学生今后研究其他立体图形的基础。本单元教学时，不能拘泥于课时的划分，将单元内容割裂开来，而应着眼全局，整体把握教材内容。

学习长、正方体体积的计算，从单元视角来考虑，要立足于体积概念和体积单位实际意义的认识与理解，厘清"求一个物体的体积，就是在求这个物体包含有多少个体积单位"的本质道理，为后续迁移研究不规则物体的测量方法、圆柱体及广泛的一般柱体的体积做好铺垫。从知识体系的角度来思考，学习长方体的体积之前，学生已有长度的测量、角的测量、面积的测量等知识经验，还应厘清如何深入知识的本质，于共性中从"线、面、体"的角度整体架构起知识的体系。因此，本课的学习应帮助学生主动置身于"度量"之中来思考与探究，感受度量的本质——单位数量的累加。

三年级学习"长方形的面积"，学生可以围绕问题"长方形的面积为什么等于'长×宽'""长度与面积的测量道理一样吗"展开学习。但"长方形的面积"一课的学习结束并不意味着这一问题的研究终点，在四年级"角的度量"、五年级"长、正方体体积的计算方法"中，这样的问题仍然值得不断被提起、不断被延展，帮助学生更好地建立内容与内容之间的联结。从这个角度再来思考"长、正方体体积的计算方法"一课的教学，可以设置以下两个核心问题：

1. 长方体的体积为什么等于"长×宽×高"？
2. 有人说："长度、面积、体积的测量道理是一样的，你同意吗？为什么？"

在持续不断的问题研究中，不仅使学生主动聚焦于"体积单位"，站在"测量"的高度来思考问题，厘清图形测量的本质，还可以帮助学生深化对相关学习内容的理解，使其主动更新与重塑认知体系。

二、重深度，驱动探究促实践

学生对问题的探索是一种本能，好的问题能驱动学生的探究欲望，让学生感受思维上的冲击与挑战。课堂教学中，教师要基于对学科知识的深刻理解，提供能激发学生探索欲的问题，使学生更加深刻地剖析和认识问题，经历真实的、复杂的、富有挑战性的学习过程，形成深刻的理解。

"多边形的面积"这一单元的学习，一方面要使学生能独立探索，运用转化的思想方法推导并掌握多边形面积的计算方法，积累数学活动经验；另一方面，要在探索多边形面积等实践活动中发展空间观念，为后续的学习奠定基础。本单元的整理与复习中，如何促使学生再次主动将平面图形之间的关系沟通起来，加深其对计算方法间内在联系的理解呢？

在一场活动中，这节课引起了我的注意。其中，印象深刻的是，在学生自主梳理并交流有关平面图形的知识后，教师提出："有一个平面图形，它的面积可以用 9.42×3 来计算，猜一猜，会是什么图形呢？为什么？"表面看似只是一个图形的计算方法，实际却暗含着教师对单元整体知识的深刻理解，对学生认知规律的准确把握，不仅囊括了学生所学平面图形的计算方法，又潜藏着平面图形间密切的联系，同时还激励学生探究与说理的欲望，挑战了学生的思维。

这一问题的提出，引发学生主动探索，经历观察、猜测、想象、计算、推理、验证等一系列的学科实践。在表达与交流的过程中，更使学生从猜想中跳脱出来，以纵观全局的姿态主动沟通平面图形之间的联系，对平面图形面积计算方法的一般策略及其面积公式的内在联系进一步加深理解，促进学生的思维由猜想开始，逐步迈向更深更远处。

像这样的好问题，一出现就像吸铁石一样，调动学生回答的欲望，吸引着学生去思考、去实践，寻找好的答案，使学生在探究的过程中既深刻理解与掌握知识，又充分挖掘与体会暗含的数学思想，思维拾级而上，最终在创造中获得数学智慧的生长，感受数学思想的力量。

三、重发展，指向素养促创造

在儿童的世界里，他们从小就用一双敏锐的眼睛观察着这个世界，观察着周遭的事物，并产生各种各样的问题。为此，教学中要注重运用问题来促进学生的思考与创造，落实核心素养的培育与发展。

曾听过北师大版五年级下册"体积单位的换算"一课，听课之前，我拿到教师长达六页的教学设计，写满教学流程的设计中，不仅有教师要问的每一个问题，要说的每一句话，甚至把学生的每一个回答都做了注解与罗列，学生回答以后教师要说的评价语也一一注明。在这个教学设计中，既有教学即将去往的目的地，也有详细的路线图，可以说这是课堂提前预设好的"剧本"，这样的课堂会是什么样的可想而知。果不其然，课堂上，学生就像演员，按着教师所提供的问题及学具，用片状学具（由 100 个 1 cm³ 小正方体组成的）、条状学具（由 10 个 1 cm³ 小正方体组成的）、1 cm³ 的小正方体若干，通过摆一摆，迅速得出结论"1 dm³ 大正方体可摆 1000 个 1 cm³ 的小正方体"。课堂貌似顺利，但学生的思维未能激活，创造的本能未能得到真正释放，像这样的剧本式学习更多的是在识记知识的要点，谈不上核心素养的培育。

如何才能启发学生打开对未知的探索欲和思考力，如何才能使学生经历真实的学习，获得素养的发展呢？

回到"体积单位的换算"一课，学习之前，学生已有丰富的"长度、面积"等单位换算的经验，在学习这一课之前已经掌握了长、正方体的体积计算方法。立足于学生已有的知识经验与活动经验，教学宜删繁就简，于"学习单"中呈现 1 dm³ 和 1 cm³ 的大、小正方体各一个，并提出问题：棱长 1 dm 的正方体盒子中，可以放多少个体积为 1 cm³ 的小正方体？

这一问题仍蕴含着既定的目的地，但对于如何到达目的地已然没有预定的路线。教学中，教师放手让学生围绕这一具有挑战性的任务，在仅有的两个体积单位的信息中去分析与思考。这一问题，无疑就像一把通向学习之路的钥匙，使学生在没有学具的帮助下，主动在新旧知识的联结点上建立起联系，并不断立足于个人的经验，释放自己的想象与创造，在画一画、算一算、写一写、想一想中推理与辨析，从固有的封闭式答案走向个性化的、开放式的说理，从单一走向多元，丰富对体积单位之间关系的认识，发展了空间观念和推理意识。

这样的问题在提出的时候，也许并不是那么显而易见，但是，提出以后，却能激发起学生的想象力和创造欲，在说理中从已知向未知前行，并在主动参与、自主探索中不断发现自我，获得素养的发展。

好的问题，聚焦于单元的视角，立足于知识的整体，对学生的持续思考具有启发性的意义。好的问题，并不只有唯一的标准答案，能使学生创造新的思维领域，再发现与构建自己的思考与答案。好的问题，能让学生乍一听就很想回答，但又不能立即被回答，既不浅显也不显而易见……从这个角度来看，好的问题就是理性思维的"开关"，能触发学生的自觉思考及可能的生长，使得学生的学习真实而又深入地展开。

　　蒙台梭利曾说：我们必须尽可能依据儿童发展的自然规律让他们有发展的可能性，促进他们的发展，这样儿童才能茁壮成长。"尽可能依据儿童发展的自然规律"就是要适应学生的发展需求，遵循学生的年龄特征、思维特点和认知规律。每一个学生都具有自我发现、自我成长的内在力量，这种力量绝不是"急功近利"式的教学能够激发出来的。儿童天生好质疑、好探究、好分享。作为教师，我们应充分尊重学生内在的生长法则，尊重生命的发展历程，满怀信心地等待学生，使学生有机会激发自己的内在力量。而这，恰恰是说理课堂的本质追寻。我们应该做的，是善于等待，等待学生走进自己的内心，找到那条通往成长的道路，使学生成为学习的主人。可以说，学生的内在力量能够激发自己获得什么样的思考和启迪，也就意味着学生可能获得什么样的生长。

　　那么，课堂上什么时候要等待，又要如何等待呢？

一、鼓励质疑处，给机会

日常教学中，教师常常会惯性地以自己的角度观察和思考学生，摆出一副"老师"的样子，具有强烈的课堂"控制力"，或是处处打断学生的思考，或是不等待，不给学生质疑发问的机会，贯彻着"我教你学"的范式。然而，教师认为简单的问题，对于学生来说，却不是马上就能理解的。好的数学学习能帮助学生逐步发展好奇心和想象力，养成理性的思维品质。"我教你学"远远不能满足学生的学习需求。我们应切换到学生的视角，看到学生的疑难，给足机会，鼓励学生提出真实的质疑。

偶然一次下校听课，一位教师执教"长方体的体积"。课上，教师按教材的安排循序渐进，引导学生学习。在"猜一猜，长方体的体积与长、宽、高有什么关系"时，学生几乎都能猜出"长方体的体积＝长×宽×高"。笔者不禁思考：这是课堂上的生成，还是在学习这节课之前，学生就已经会了？恰巧，听课之后不久，我也执教这节课。我思索着，如果还没学，学生就已经会计算长方体的体积，那这节课该怎么学习？

上课之前，我提出："知道长方体的体积怎么计算的请举手。"果不其然，学生在父母的熏陶及各种提前学习的渠道下，已然会计算长方体的体积。然而仅仅只是会背公式会计算，这是学习想要抵达的目的吗？数学学习究竟学什么？事实上，公式背后隐含的探究与思考的方式，才是通过学习数学所要磨炼出的能力。所以，教学真正要做的是，启发学生对已有的认知发起质疑，重启学习的动力。教学中，我提出："这节课本来要教长方体的体积，可是你们都会了。收拾好东西准备回家吧!"学生虽然一听到这个建议就发笑,但很快就在"都会了,为什么还不收拾东西回家"这一反问中,沉浸到原有对长方体的体积的认知。此时,课堂进入一种无声的状态。我们要做的是,给足学生质疑的机会,等待学生把最真实的样态呈现在课堂上,使得学习得以真正展开。

片刻的等待之后,陆续有学生举起手来,反思自己"还不会为什么要用这个公式求它的体积",并说"提前的学习中只告诉公式,不告诉理由"……"为什么不回家"这一看似"无为"的聊天,实是"有为"的等待。课堂留出的这一空白,使得学生于宁静、舒适而又自由的思考环境中,真实地走进自己的内心,与"长方体体积公式"进行对话,反思"这节课到底学什么""还有什么是值得我们学习的"……使学生主动去接近并面对内心真实的困惑,进而产生独立的思考与疑问,提出"为什么长方体的体积=长×宽×高",既使得教学准确地站在学生的真实起点上,也使得学生逐步形成质疑批判的理性精神。

二、自主探索处,留时间

课堂上,教师常在提出问题后,就迫不及待地想听到优秀生的发言,这样就会让学生失去思考的空间,也失去可能成长的机会。很多教师可能疑惑"如果不让举手的学生赶快回答,那课堂该做什么呢"?事实上,提出问题,目的就是为了让学生充分地思考,让学生在充分思考中展开自我的追问与探究,进而实现自主的迁移与生长。儿童自出生以来,就具有冒险精神,我们要尊重学生的冒险精神,激发学生带着好奇心和探究欲,用自己的眼睛去观察,用自己的脑袋去思考，主动深入问题内涵的挖掘中。而我们要做的，就是等待，在等待中让每一个学生的思想动起来，而不局限于个别反应快的学生。在这期间，观察学生的探究过程，当我们读懂学生是如何学习的时候，我们也就知道课堂上接下来该怎么做了。

"梯形的面积"是人教版五年级上册的内容，从模型建构的角度看，它属于一节新授课，但是学习本节课之前，学生已经经历了平行四边形和三角形的面积公式推导。从单元整体的角度来分析，结合学生已有的学习经验和学习方法，我们不妨把它当作一节图形面积公式推导的练习课。如何基于本节课教学地位和作用的把握，使学生的学习得以真实发生呢？

教学中，教师出示一个梯形（如下图），并提出核心问题：怎样求出这个梯形的面积？

问题提出后，课堂里立刻有两三个学生举起手。可以想象，这几个学生因为已经积累了不少图形面积计算公式推导的经验，很快地有了思考，也可能已经初步知道梯形面积的计算公式。此时，教师并未将课堂交给举手的三两个学生，而是注意到还未举手的大部分学生，用手势示意学生把手放下，并提出："不着急，再认真想一想。"或许这只是轻轻的一句话，却给了学生莫大的信心，也给了学生进一步完善思考的时间，使得更多的学生在问题思考的过程中对接到原有的经验，并自主迁移，形成独有的发现。静静等待三分多钟以后，课堂上有学生陆陆续续地举起手来。在教师问到"同学们，

有没有一些思路"时，学生纷纷胸有成竹地点头。这一点头，寓意着学生已然都有了自己的想法，但教师仍不着急，有想法还得"做"出来、"说"出来。于是，课堂仍在"不着急"的提示下，进入"与同桌商量""操作"等的探究活动中。

一次、两次的"不着急"，从一开始两三个学生会，到陆陆续续的多数学生有想法，课堂上学生学习的状态已经悄然改变。可见，看似短短的几分钟等待，潜藏着的是教师对学生认知规律的把握，对学生自主探究的信心，蕴含着思考的效率，帮助学生感受到问题的价值，也体会到独立思考、自主探究的意义。

三、合作探究处，会倾听

学会独立探究的同时，也要学会理解他人的思考，学会一群人一起合作解决问题。所以，合作处也需要等待，在等待中引导每个学生去倾听他人，去读懂他人，去理解他人，学会从同伴身上汲取宝贵的思想，结合自身的思考，形成观点的迭代与更新。

仍以"梯形的面积"一课教学为例，收集学生的作品，并进行展示（如下图）。

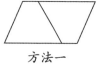
方法一

方法二

方法三

方法四

展示学生的作品后，教师一反常态，没有让学生直接开始汇报自己的做法，而是问学生"你能看懂他们是怎么做、怎么想的吗？"当学生在观察与思考后举起手来，教师仍不急着让学生汇报，不急于告诉学生几份作品中的答案或者下一步该怎么做，而是让学生在四人小组里先交流讨论，为后续的发言做好预演和准备。之后的班级交流与汇报中，教师也只是站在一旁，与学生一起倾听台上学生分享的思考，适时引领与肯定学生所呈现的方法及其背后的道理。于是有了如下的课堂呈现：

生：方法一是把两个梯形拼成了平行四边形，再用平行四边形的面积除以2，就可以算出梯形的面积。

师：你们还有问题吗？

（学生纷纷举手）

生：我要补充，是要用两个相同的梯形，拼成一个平行四边形。

生：我同意，这就是用两个完全相同的梯形拼成的一个平行四边形。

生：我想问你，你是怎么算出这个平行四边形的面积的？

生：底乘高就算出这个平行四边形的面积。

生：我也要补充，方法一是用转化的方法，把新的知识转化成已经学过的知识。

生：方法二是把一个完整的梯形从中点剪下一半，然后拼到旁边形成了一个平行四边形。我觉得方法二比方法一好一点，是因为这样算出的平行四边形的面积就不用再除以2了，不用再多做一步计算了，你们同意吗？

（学生鼓掌，有一些学生陆续举手）

生：我要补充的是，不是沿中点剪，而是沿中点之间的连线剪。

生：我想问的是这与前面第一个平行四边形减去一半，不是一样吗？

生：我认为这两种方法不完全一样，虽然两种方法都是拼成平行四边形，但是第一种是由两个完全同样的梯形拼成的，所以求出平行四边形的面积后再除以2，才是一个梯形的面积。方法二所拼成的平行四边形的面积就是梯形的面积。

师：方法二只要求出平行四边形的面积就行了。是吧？

（学生鼓掌）

师：方法三，谁看懂了？

生：这是把梯形分割成我们学过的平行四边形和三角形，只不过这种方法有一点麻烦，要算两个图形的面积，大家同意吗？

生：我要提醒大家，求三角形的面积是底乘高除以2，求平行四边形的面积是直接底乘高。

生：我想问这个图形它原本是一个梯形，怎么可以切成两个不一样的图形？

生：因为梯形只有一组对边平行，所以只要再画一条线，使得它和另一条边平行，就可以分割成两个图形。

生：我有一个疑问，这个梯形是可以剪成两个，是一定要剪成两个图形，还是可以剪成比两个更多的图形呢？

生：不一定，你只要把它剪成我们认识的图形就行了。你可以剪成3个、4个，只不过剪多了算起来很麻烦。

学习没有唯一的正确答案。课堂里的每一次倾听、每一个等待，都为学生提供"放心说"的环境，给学生创造表达自己的时空，催发着学生基于之前充分的观察、思考以及组内的表达预演，进入深层次的探究。在这样的交流讨论、对话辨析中，我们看到每一个学生的回答都具有其合理性，也欣喜地看到课堂上学生自信的表达和理性的对话。在这样的过程里，他们互相学习，当学生的发现、思考与观点之间产生了关联，他们的探究就产生了强大的合力，进而在这样的合作中从理解他人的思考来丰富和推进自己的认知，用自己的力量不断学习、不断成长，解决问题的同时，提升了学习的能力。

四、重塑建构处，慢速度

教材的编排遵循螺旋上升的原则，自有其内在的逻辑。譬如，度量的学习横贯整个小学学习的历程，所涉及的内容其思维的路径与度量的本质是一致的。在这个循序渐进的学习过程中，教学如何引领学生基于旧有的认识，将新旧知识进行沟通联系，使学习得以不断发生和延续，进而主动重塑认知的框架，建构起新的知识体系？很多时候，教师要做的仅仅是提供自主建构的时机，放慢速度，静静等待。

"长方体体积"这节课教学的最后，在学生探究出长方体体积计算公式的道理后，这节课的学习任务其实已经完成，但如何使学生联系起原有的认知，重塑知识的网络呢？课堂再次放慢了前行的速度，继续引发学生思考："有人说，长度、面积和体积的测量道理是一样的。你同意吗？"横跨二至五年级所学的知识，这一问题引起了学生的深思，进而从"体积"的度量主动回溯到"长度"及"面积"的度量中，进行新旧知识的对比，从而自主厘清知识间的逻辑关系，提出"只要找到单位，去数一共有多少个单位就可以了""它们都有一个共同点，就是要找单位，找到它们的长度、面积和体积，从而推出它们的公式"等观点。当思维聚焦于"找单位"这一知识本质的过程中，学生早已主动站在"测量"这一制高点思考问题，通晓其前后联系，体会到体积的测量只是长度和面积测量的一次拓展，度量的本质并没有发生改变。学生在原有经验基础上，再次丰富度量的内涵，领悟"测量就是在数一数、量一量有几个测量单位"的道理，都是度量单位的累加。于是，长方体体积的学习不再是游离于学生学习外部的公式记忆，而是与已有的经验进一步融合沟通，对原有的认知框架和知识体系进行一次更新，进而得到新的生长。

教育需要等待，我们的课堂教学也需要等待。在说理课堂中，常见学生自信满满，相互质疑，又协作前行。有时他们的意见会有不同，甚至是分歧、对立，但每一个意见往往都值得思考与辨析，对学生的学习具有重大的意义。一节课下来，往往让我们忽略甚至分不清哪些学生是所谓的"优等生"，哪些又是所谓的"后进生"，几乎每一个学生都站在课堂中央，努力地在独立思考，在与同伴协作中超越原有的经验，获得新的生长，而这恰恰是教师能够理解、接纳、尊重并且相信所有的学生，能够公平地对待每一位学生，能够善于等待所能引发的学习样态。是的，善于等待，学生将会在不知不觉中向我们展示学习过程中他们最美好的样子——深思、善问、能说、会听；善于等待，我们也将会迎来一个学生主动究理、寻理、明理，更具深度、广度且有温度的课堂。

3　少言说，推进说理的深入

　　质疑和思辨是学习的重要组成部分，对话和冲突是引发学生达到深度思考的真正捷径。教师与其不停示范解读或告诉学生学什么，不如提供工具和时间来鼓励学生勇敢质疑、表达、辨析、思考，用"少"教来成就学生的"多"学，最终帮助学生在说理中逐步深入，学会学习。下面以"口算乘法"一课教学实践为例，谈谈我的思考与实践。

一、少言，让学生敢问

　　儿童好奇心强，教学就要根据学生的年龄特征和认知水平，创造能引发学生真实而又好奇的问题情境，贵在精妙，而不在多，从而触发学生自主发现问题、展开探索。

　　【教学片段一】

　　师：今天我们要继续学习乘法。看到"乘法"，你们想到了什么？

生：我想到了乘法口诀表。

师：对于乘法口诀，你们有疑问吗？

（部分学生举手）

师：他们有疑问，你怎么没有呢？

生：因为都学过了，所以没有疑问。

师：学过了，还有什么疑问呢？

生：乘法口诀为什么只到9，不能到100吗？

生：9的乘法口诀后面还有吗？

生：我想知道两位数怎么乘。

师：你们真棒，提了很多问题。对呀，乘法口诀为什么只编到9？还要不要往下编呢？

课堂并不急于一开始就踏入乘法的计算，而是往后退一步，来到学生早已熟知的乘法口诀。然而，熟悉并非代表着没有疑问。如何引发学生不仅会想问题，还会大胆地提问题，此时，教师的恰当"言说"就显得很重要。

二、少言，让学生敢说

如何让学生在课堂上能"放心说"，敢于表达自己的真实想法，暴露自己的真实思考？教师的"少言"是营造"放心说"的关键。"乘法口诀为什么只编到9？"面对学生的真实困惑，笔者并不急着解释，也不急着让学生在学习中去理解和感悟，而是退至一边，让学生大胆思考，放心说。小组讨论之后，课堂呈现如下景观。

【教学片段二】

生：如果继续编到两位数的话，到后面就不好编了，也不顺口。

  构建说理的数学课堂

生：如果是两位数乘两位数，得数太大了，编起来很麻烦。

生：我觉得可能是因为古人比较笨，认为最大的数就是9，所以就编到了9。

师：现代人知道有比9大的数，为何也不编下去呢？

生：因为乘法口诀是从古代流传下来的。

生：我觉得乘法是一种方法，你会了1~9以后，后面的自然就会了。

生：我觉得口诀不一定是只编到9，以后到了两位数、三位数、四位数、五位数都可以乘，只是我们还没学到。

师：二年级时口诀只编到9，三年级时呢？

生：三年级时可能就编两位数的乘法口诀啦。

师：想象一下，到六年级时呢？

生：可能编到五位数乘法口诀了吧。

生：如果你一直往下编的话，世界上的数多着呢，你编得完吗？

师：他的话你听懂了吗？

生：听懂了，数很多，一直编没有意义。

生：我觉得不编的原因是每个数都是由0、1、2、3、4、5、6、7、8、9组成的。

师：听懂他的意思了吗？

生：听懂了，数是由数字0~9组成的，所以，下面就不需要编了。

生：每个数位上，满十要进一，所以人们就认为最大的数字是9，9以后都不用编。

乘法口诀虽朗朗上口，但其编制的合理性，许多学生甚至是教师都从未思考过。本节课以学生提出的真问题——"乘法口诀为什么只编到9?"作为学习两位数乘一位数等表外乘法的"脚手架",引起了学生的好奇和追究探寻的欲望,童言稚语引发了听课教师的阵阵笑语与掌声,潜入其中,发现其观点背后也不乏对本质道理的稚嫩思考。整个过程,笔者甚少言说,甚至不做任何评价或引导,只是在恰当的时候介入,使学生在表达自我与听懂他人之间自由穿梭。

三、少言,让学生敢辨

交流对话是思维与思维的深层关联交往,课堂中,要把握学生交流的节奏和方向,推动学生想办法说清楚自己的思考。在这个过程中,追求的并非是一个结果,其真正的意义在于让学生在交流中善于倾听与思考,敢于分享与辨析,勇于叩问与推敲,最终在这样的碰撞中,思维不断得到生长。

【教学片段三】

1. 教师出示算式:$20 \times 3 = ?$ 一个学生脱口而出"$20 \times 3 = 60$"。

(学生集体鼓掌)

师:你们那么冲动给她掌声?都不问问她是怎么想的吗?

生:我先把0盖住,$2 \times 3 = 6$,在6后面加上一个0就等于60。

师:还有不一样的想法吗?

生:不用把0盖住,你就想3个20加起来是60。

生:我反对,万一是100×20,你要加100个20吗?

师:你们说的是不是这个意思?

(板书:$20 + 20 + 20 = 60$ $2 \times 3 = 6$ $20 \times 3 = 60$)

2. 教师继续出示:$200 \times 3 = ?$

（多数学生举手）

师：先跟同桌说一说你是怎么想的。

生：$200 \times 3 = 600$，因为把 200 的两个 0 去掉，就是 $2 \times 3 = 6$，在 6 后面加上两个 0 就是 600。

生：200×3 可以想成 3 个 200，就是 $200 + 200 + 200 = 600$。

（板书：$2 \times 3 = 6$　　$200 \times 3 = 600$）

生：上一题是 $20 \times 3 = 60$，现在是 200×3。200 是 20 的 10 倍，那就在 60 后面加上一个 0，就是 600。

师：聪明的孩子看一看，"20×3，200×3"是不是都比 9 大呀？乘法口诀表中有这两句口诀吗？要编吗？

生：不用编，可以用"二三得六"这句口诀。

师：想一想，"二三得六"的"二"在这两个算式里表示什么呢？

生：20×3 可看成 2 个十乘 3。

生：200×3 可看作 2 个百乘 3。

师：如果让你在计数器上拨出 20×3 和 200×3 的计算过程，你会拨吗？和同桌说说，你会怎么拨？

生：（边演示边说）20×3 就是在十位上先拨 2 个珠子，代表 2 个十，乘 3 就是拨 3 次 2 个，这样就拨了 3 个 20，也就是 60。

师：那 200×3 谁来试试？

师：你有什么发现？

师：你们发现了吗？"二三得六"这句口诀厉害不厉害？

生：（齐）厉害。

生：我发现不管多大的数，用口诀都能解决。

生：我同意，好多数都可以用 9 以内（包括 9）的乘法口诀解决，乘法口诀只要编到 9 就可以了。

师：稍等，我想问刚才说古人笨的那个学生，你现在有什么想法？

生：我觉得古人不笨，很聪明。因为 200×3 可以用"二三得六"这句口诀解决。

师："二三得六"可以解决 20×3 和 200×3 这两个算式，如果再写下去，你猜我会写什么？

生：$2000 \times 3 = 6000$。

师：我还会写——

在这一片段中，我有意识地启发学生进行充分思考与探索、对话与交流，通过不断地说理以达到观点的协调，形成对算理的理解和算法的掌握。计数器的结合使用更让学生感悟到三个口算之间的关联，发现它们只是计数单位不同，但计算方法与道理都是一样的，沟通了整十数、整百数与表内乘法之间的联系，掌握算法，同时深刻感悟乘法计算的一致性。

四、少言，让学生敢想

要使学生敢想，教师就必须鼓励、呵护学生的思想自由，不要妄图通过教师身份过早反馈自己的观点或干预学生的学习活动。

【教学片段四】

师：有人举手了，听听他有什么问题？

生：如果是 27×3，那就不能用"二三得六"这句口诀了。

师：他提了一个什么样的好问题？

生：他把一个整十数换成了两位数。

师：刚才都是用口诀来计算整十数、整百数。如果不是整十数怎么办呢？（出示：2👍×3＝?）这个大拇指图片背后，是不是一定是0? 还可能是哪些数?

生：不一定，可能是1、2、3、4、5、6、7、8、9。

师：如果是1，21×3你会怎么算?

生：我们之前学了20×3，21里面有1个20和1个1，把它分开，然后用20×3＝60，1×3＝3，最后用60＋3＝63。

生：我觉得加法可以退居二线了，不能帮助我解决这个问题了。

师：21×3，它用到乘法口诀了吗? 用到了哪几句口诀?

生：一个是2×3＝6，就是"二三得六"。还有一个是1×3＝3，也就是"一三得三"。

师：对不对? 不过那个"二三得六"，表示的2是多少?

生：表示2个十。

师：你还有什么问题?

生：（质疑）他不是说21×3吗? 为什么要算完1×3后再加上去呢? 不能直接加1吗?

生：因为是把21拆成20和1，所以把两个数乘3的得数加在一起。

生：21拆分成20和1，20乘了3，1不乘3，你不是欺负人家吗?

生：20都已经乘过3了，假如他是老大，他付了门票钱，1假如是他的儿子，不就直接过去了吗?

生：因为它上面写的是21，只乘了20，还有一个1没乘呢。21

减 20 等于 1，少了一个 1 乘 3 就不是正确答案了。

　　生：3 是 20 和 1 共享的，3 乘了 20，3 也要乘 1。

　　生：因为从 21 里面分解出 20 和 1，它们俩还是等于 21×3，所以那个 1 也要乘 3。

　　生 1：21 分成 20 和 1，20 乘过 3 了，为什么 1 还要乘 3 呢？

　　师：20 是老大买的门票，乘过 3 了，1 好比是它的孩子，直接带进去，不用乘了？谁刚才说加法退居二线了？我们把它请回来。

　　师：想一想，21×3 是什么意思？

　　生：3 个 21 加起来。

　　师：加法回来了，你看到了吗？（板书：21＋21＋21）

　　生 1：（恍然大悟）21×3，3 个 21 相加，里面既有 3 个 20，也有 3 个 1。（学生鼓掌）

　　师：现在再想一想，口诀编到 9 有没有道理？

　　生：有道理。因为不管什么乘法，都可以把它拆开，变成 9 以内（包括 9）的乘法。

　　在这个过程中，恰恰是教师的放低姿态，才使得学生不仅敢想，而且会想、善想，最终回到乘法意义的本质，联系加法明晰"乘法口诀编到 9 的道理"。

　　作为教师，我们要真正着眼于学生的学习与发展，为学生营造"放心""放松"的学习空间，让学生敢问、敢说、敢辨、敢想，使学生真正成为问题的发现者、提出者、分析者和解决者。

4 依"三单"，催生说理的力量

　　《义务教育数学课程标准（2022年版）》指出："有效的教学活动是学生学和教师教的统一，学生是学习的主体，教师是学习的组织者、引导者与合作者。学生的学习应是一个主动的过程，认真听讲、独立思考、动手实践、自主探索、合作交流等是学习数学的重要方式。"由此可见，教师的"教"与学生的"学"是一个相互作用、相互影响的过程。在这样的学习场域中，学生的"声音"和"思考"应占据"主导地位"。教师要遵循学生的认知规律，为学生提供适宜的学习对象和学习条件，启发学生在良性的学习中将自身的注意力投向外界，主动与知识、与他人、与现实建立联系——在自主探索中积极交流、辨析与思考，在思维碰撞中获取知识与技能、发展核心素养——从而从单纯地"听"变为主动地"学"。教师要凸显学生在学习中的主体地位，一个重要的前提是足够"了解"学生，而这离不开"三单"（"导学单""学习单""作业单"）的重要作用。"三单"既是教学的媒介，又是触发学生深度探究、学习与思维的有效载体。教师合理运用"三单"，既能准确把握学生真实的困惑和需求，探明学生学习的生长处和关键节点并"对症下药"，又可驱动学生的内驱力，助力学生在说理中学会学习，促进其自我成长。

一、导学单——看见"真实"，找准说理起点

教师了解和把握学生真实的学习起点与思维水平是学生深度学习生发的关键。学生在学习一节课之前已有哪些认识？不同水平的学生有哪些不一样的思考、有怎样的困惑？课堂上哪些问题是需要深层次互动的？说理的切入口从哪里开始？教师在设计导学单（有时相当于前测单）时，需要在充分思考上述问题的基础上，确保设计的内容符合数学学科知识的逻辑体系，切合学生认知的实际情况、认知水平及思维能力。同时，教师还要认识到，课前评估学情的目的不是简单了解学生的知识掌握情况，而是为了分析学生的学习起点和学习状态，看到学生的真实水平，为设计教学目标、找准学生思辨的切入点提供充分的事实依据；为了唤醒学生的已有知识、经验和方法，帮助学生认识自己，了解自己的数学学习情况，为其自主学习和探究能力的发展、形成质疑问难的科学精神提供必要条件。

以北师大版五年级上册"轴对称图形再认识（一）"为例。关于"轴对称"，学生在三年级时已经结合实例感受了轴对称现象，并通过观察和操作初步认识了轴对称图形。但不少教师对于这节课如何落实"再认识"把握不准，设置的教学目标常常不能合理聚焦核心概念，其根本原因是不了解学生对"轴对称"的真实认知。基于此，我们在导学单中设计了两个问题：①判断哪些图形是轴对称图

形；②有什么困惑？问题①提供八个常见的平面图形，这八个图形各具代表性，能多角度地考查学生对"轴对称"的认知情况，尤其是平行四边形和不规则图形。平行四边形是小学阶段图形与几何领域学习的核心概念，虽然它也具有对称性，但不是轴对称图形——这能准确反映学生对核心概念的内化程度；不规则图形虽然常见，但学生在日常学习中并未有过深入研究与思考——这能揭露课堂教学中易被忽视的问题。问题②作为一道开放性问答题，意在暴露学生的真实想法和可能存在的隐蔽问题。这既有助于学生自主唤醒已有经验方法，又有利于教师窥见学生关于图形运动的思维经验与思维水平，从而能充分围绕学生对轴对称图形的思考路径、理解程度和困惑点进行分析，合理设计教学目标。

我们分别通过对使用苏教版、人教版与北师大版的学生进行前测，发现无论是使用哪个版本教材，大部分学生都能正确判断平行四边形不是轴对称图形，但存在三个困惑点：一是对不规则图形的判断相对比较迷茫；二是在能做出正确判断的学生中，有 53.7% 的学生向平行四边形发出了质疑；三是小部分学生纠结于"对称轴"与"轴对称"概念的理解。基于此，我们以"厘清概念本源，强化对轴对称图形特征的认知，加深对'轴对称'概念的理解"为出发点，将本课教学目标设置为：①经历观察、操作等活动，进一步认识轴对称图形及其对称轴；②能根据对称轴的特点，画出简单轴对称图形的对称轴；③积累图形运动的思维经验，发展空间观念，形成讲道理、有条理的思维品质。

二、学习单——听见"需求"，创造说理机会

让每一个学生有尊严、自由地生长，是课堂教学的期许。无论教师采取何种教学方式，都必须回归到育人这一"原点"。儿童天生好质疑、好探究，教师要"听见"学生个性化的需求，借助学习单将学习目标转化为学生学习任务，驱动学生主动思考、自主探究，将思维外显化，这在一定程度上影响其表达与思辨的广度和深度，对核心素养的发展起到至关重要的作用。

例如，教学苏教版五年级上册第二单元中的"组合图形的面积"一课，通过课前学情分析了解到：虽然有94.2%的学生已获得独立探究组合图形面积的学习经验，掌握对应的计算方法，但不少学生只能想到一种解决问题的方法，尚有5.8%的学生需要借助提示才能想到办法。怎样满足不同能力层次学生的学习发展需要，帮助他们置身于多元的互动中，化单一的思路为多维的思考，从而在丰富的数学活动中将学习引向更深层次呢？围绕这样的目标，我们立足学情设计了学习单（如下图）。

学 习 单

问题一：你准备用什么方法求下面这个组合图形的面积？

问题二：下面这道算式能求出涂色图形的面积吗？请说说其中的道理。

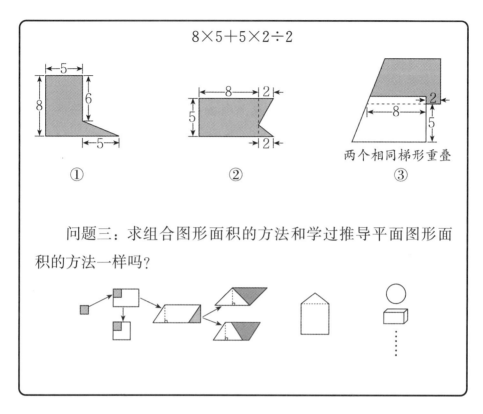

$$8 \times 5 + 5 \times 2 \div 2$$

① ② ③

两个相同梯形重叠

问题三：求组合图形面积的方法和学过推导平面图形面积的方法一样吗？

问题一将学生的关注从所熟知的基本图形引向了组合图形，并通过开放性的问题为学生展开个性化的思考、拓展解决组合图形面积的思路提供了契机。问题二依托从算式到图形的逆向思考，启发学生不断运用"转化"的思想方法，联系式和图进行分析推理，让学生在充分的思维活动中积累对组合图形面积计算的经验，发展学生的空间想象力和思维灵活性。问题三立足整体视角，引导学生审视与思辨已学过的相关知识，并找到彼此之间的内在关联，建构结构化的知识体系，丰厚其数学思维。

富有挑战的学习单能促使学生基于已有经验产生独有的思考。这既为不同层次的学生开展多样化的探究创造条件与机会，又为学生的小组讨论、全班互动提供思维载体，确保了学习的真实性。为了把学习的权利真正交还给学生，让学生认识到自己可以承担更多的学习责任，我们还围绕学习单提出以下四个学习要求。①思：独立思考，再进行小组交流；②说：在 4 人小组里，轮流说一说，想办法让同伴听懂你的想法；③听：认真倾听同伴的思考，若有困惑或建议，可等同伴说完后再提出来讨论；④理：把在交流中你获得的新思考梳理清楚，并记录下来。学习要求为学生提供了一条清晰的探究路径，亦体现了教师对每一个学生个体的尊重。学生既能在经历"思—说—听—理"的过程中有条理地思考、辨析，有依据地交流、互动，又可开阔自身的数学视野，从不同的视角进行数学探索与问题研究，在沟通组合图形面积计算与基本图形面积计算的关系中架构起与自我经验、与他人思想之间的桥梁，从而通过当前的学习超越原有的个人经验，获得新的生长。

课后，我们分析了这节课 40 分钟的时间分配情况：纯粹的教师讲授时间仅为 5%，学生独立思考的时间约为 17.4%，小组讨论时间约为 24%，全班互动时间约为 53.6%。在学生交流的过程中，部分学生产生的错误资源，如对转化后面积产生变化的混淆、计算中出现的错误、不知如何进行结构化思考等，不仅让教师看到不同水平学生的思维差异与学习需求，而且推动了学生思维的层层深入，让深度学习真实发生。其间，不管是从图开始的"割、补、拼"等各种方法的直观操作，还是从算式到图感受"等积变形"，或是梳理建构知识结构，学生在一次次的观察、分析、推理中，既驱动自身的学习经验和认知基础，展开对组合图形面积计算方法的探索与创造，体会"转化"思想方法的重要性，又能意识到"自己"在学习

构建说理的数学课堂

中的重要作用，在说理互动中建构良好的协作关系，学会学习。而这恰恰就是教育教学的最终目标。

三、作业单——悦见"自我"，赋能说理价值

"双减"政策落地，其"减"的实质是为了让学生实现自我发展。所以，教师在提升课堂教学质量的同时，还要关注作业设计的优化。好的作业既要避免盲目、随意的设计，又不能一味出奇、出新。作为课堂教学的延续与补充，作业设计同样要在遵循课标要求、教材特点等基础上，考虑学生的差异性需求和个性化发展，帮助学生通过作业与知识、与自我、与他人产生进一步的交流，在巩固与应用中发展核心素养，获得成就感，树立数学学习的自信心。

比如，在学生学习完长方形的周长后，教师设计了一份作业单（如下图）。

作 业 单

1. 下图哪些图形的周长能用(6＋3)×2这个式子计算，说明你的理由。

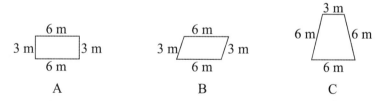

2. 一个图形能用"6×4"求出周长，可能是什么图形？请至少找出两种图形，并说明你的理由。

这份作业单不是简单再现已学知识，而是在教材练习编排的基础上进行了适度拓展。题目1改变以往常规计算周长的练习题，意在使学生能主动迁移长方形计算方法的道理，辨析B与C两个图形的特点，溯源周长的本质，灵活解决问题。学生可基于自身经验和思维方式，或从式子来推理，或从图形的特征来分析、判断，理清"图C的周长为什么不能这样计算"的原因，甚至还可以质疑"图C怎么改变，才能用（6＋3）×2来计算周长"，进而在思辨中深刻体会周长计算方法的本质内涵。题目2具有开放性，意在满足学生的差异性需求和个性化发展。一方面，这道题以"6×4"这个式子为载体，为学生的创造性思考提供了条件，即能基于周长的理解，主动赋予"6×4"以实际意义；另一方面，可培养学生的空间想象力，使学生在联想正方形、正六边形及菱形等图形的基础上，"诞生"对不规则图形的创造（如下图），驱动不同层次的学生主动用运动的视角对所创造的不规则图形进行分析和推理，明晰用"6×4"计算周长的道理。

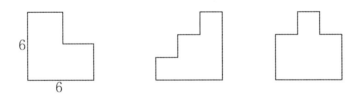

　　这样的探究过程，既拓宽学生的思路，又培养学生的应用意识和创造性思维能力。此类作业单发挥了增值功能：让每一个学生既拥有自主探究、自我展示的空间，又驱动学生自主地发现问题和提出问题、运用数学知识与方法分析问题和解决问题，促使学生的思维在与问题的碰撞中愈加灵活与深刻。之后，教师还应发挥作业的

构建说理的数学课堂

导向功能，即通过了解学生作业的完成情况，把握学生的能力水平和差异，为后续的教学提供方向。

　　教师合理运用"三单"，为每一个学生创设自我表现与数学创造的机会，启发学生一次次"走进自己""走进他人"，催生说理的力量，引导学生在多元的交互中不断找到适合自己的学习方式，不断促成个性化的成长，使其成为更好的"自己"。

四 说理课堂的育人价值

课堂，需要减什么？

减轻作业负担不只是减作业量和学习时间，更要回到课堂。那么，我们就要思考，"双减"背景下的课堂需要减什么？

有这样一个课堂小插曲——

商店售出的两件上衣都卖了 60 元，一件赚了 20%，另一件亏了 $\frac{1}{5}$。商店在卖出这两件上衣时（　　）。

A. 赚了　　B. 亏了　　C. 不赚也不亏　　D. 无法确定

这道题的正确率只有 29.2%。讲评时，一名学习成绩优秀的学生上前给全班示范正确的解题思路：

$60 \div (1 + 20\%) = 50$（元），$60 \div \left(1 - \frac{1}{5}\right) = 75$（元）。

第一件赚：$60 - 50 = 10$（元），第二件亏：$75 - 60 = 15$（元）。

因为 10 元 < 15 元，所以亏了。

理由是：先分别算出两件衣服的成本，再比较各自的盈亏。

这个解题过程毫无破绽，得到了大家的一致认可。

正当大家准备研究下一个问题时，一名"学困生"举手发言了，他的观点是：这题根本不用算！

所有人都愣住了，他继续说："既然赚了的和亏了的都卖60元，说明第一件衣服的成本一定低于60元，第二件衣服的成本一定大于60元。既然赚和亏的分率一样，那肯定亏啊，还算什么？"

所有人恍然大悟。原来，花多步解答出来的完美解题过程，换种思路不用具体计算就能解决。

由此联想到近期的几次研讨活动。在现场做数据统计时发现，课堂上充斥着"一问一答"的形式，有些课的问题达一百多个甚至更多。40分钟的课堂，教师讲授时间长达二十几分钟，每个问题、每个学习任务留给学生独立思考和合作学习的时间均不足1分钟，大部分学生在课堂上没有表达自己观点的机会。在现场，我的内心在不断追问：在这一问一答、学生不停接话的过程中，学生的学习能力提升了吗？学生的数学思维得到发展了吗？课堂学习真正发生了吗？课堂的效率提升了吗？这样的课堂如何能做到减负增效，如何能促进学生的全面发展？

要向课堂要质量，就要减去教师过多的讲授时间。现有的课堂时间大量地被教师口若悬河的讲解和不厌其烦的示范所占据，教师总想用最短的时间，把自己的所知、所想都教给学生。但是，教学不是告知，教师所秉承和信奉的圭臬，或者那些所谓的完美解题思路，不过是部分知识而已，仅以知识的传授为目标的课堂是无法实现全面育人价值的。课堂是学生学习的场域，教师要改变单纯传授知识的教学方式，要从"教"转变到"学"，重视学生的主体作用，让学生在自主思考、探究、体验中实现真实学习，如此才能培养学生的学习能力，提升学生素养，从而促进教学效率的提升，最终实现"双减"真正地落地。

闽南师范大学龙文附属小学郭紫云老师在一次观摩研讨课后说："以前总舍不得让孩子'浪费'宝贵的课堂时间，现在感觉有时候是我在'浪费'他们的时间。"教师自以为重要或者精到的解题方法和解题策略，会遮蔽学生自身的思维过程，从而把学生变为接纳知识的容器，个性思维、创新思维就在这一过程中慢慢被磨灭了。

让课堂回归到育人的初心，要减掉大量教师讲授的时间和机械的习题训练，要增加学生独立思考、组内交流和生生对话说理的时间，在课堂看见学生的深度思考、看见学生的真实学习、看见每个学生的成长，以学生为主体、以学为中心，那么减负提质便指日可待了。

构建以培养学习能力为导向的说理课堂

我曾经对近一百位教研员、骨干教师代表展开问卷调查。问题一：面对新一轮课改，您最大的挑战是什么？词频分析结果显示，"课堂"一词占比最高。可见，如何为课堂减负增效已成为教师面临的最大挑战。问题二：您认为课堂教学变革的关键是什么？调查结果如下图所示，大部分教研员、骨干教师认为，课堂教学变革的关键是"真实学习"（45.1%），其次是"学习能力"（21.57%），即指向了构建以培养学习能力为导向的真实课堂。

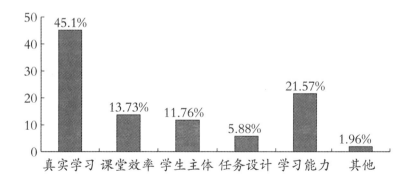

循着学科育人理念，从数学的学科特征来看，数学教学强调关注学生的数学思维和学习能力，重视学生核心素养的发展。教育部发布的《中国义务教育质量监测报告》中也倡导以探究式学习、讨论式教学为导向的课程组织方式，培养学生从多角度分析问题和解决问题的能力。因此，教师需明白：只有构建以培育核心素养为导向的真实课堂，才能将学科知识、思维方式和关键能力等融为一体，真正实现减负增效、落实课程目标、顺应时代发展趋势。这种挑战，要求教师躬身入局，改变自己，改变学生。那么，如何实施课堂变革，构建以知识为载体，落实核心素养培育的真实课堂呢？

一、明确学习目标，找准真问题

孙晓天教授指出，不指向核心素养的教学，再高效都是"无效"的。在日常教学中我们常常看到：若教学目标不明确，教学很容易陷入"辛辛苦苦带学生走冤枉路"的境地，无形之中增加了学生的学习负担。因此，在日常备课时，首先要明确课程标准对本知识领域的教学要求以及教材的编写意图，了解学生已有的知识和经验基础，从而制定出以核心素养为导向的学习目标。

以北师大版教材"路程、时间与速度"一课为例。我曾听过不少教师执教这节课，通常的做法是将完整的情境分割为三次来呈现：首先出示松鼠和兔子竞走时间相同但所走路程不同，发现所走路程多的走得快；接着出示猴子和兔子竞走路程相同但所用时间不同，发现所用时间少的走得快；最后出示松鼠和兔子竞走路程和所用时间都不同，发现只比路程或者只比时间都解决不了问题，由此启发学生产生计算速度的需求。这样的课堂看似冲突不断，体现了研究速度的必要性，实则把路程、时间与速度割裂开来。可见，教师对该课教学目标和教材意图的把握是有所欠缺的。在这样的教学过程中，学生的真实需求并未得到关注，他们只是沿着教师既定的路线"走完"一节课，多元的思考可能被人为封闭，学生既得不到真正的成长，也感受不到学习的意义。

速度的学习，不应拘泥于速度的计算方法，更不宜割裂路程、时间与速度三者的关系。教学应该回归育人本位，着眼于学习能力的培养，准确把握教材意图，明确以核心素养为导向的学习目标。教学中，应链接学生熟悉的生活素材，直接呈现完整的情境，启发学生提出真问题"谁走得更快"，并以此为核心问题，引领学生置身于问题解决的过程中进行主动观察和多层次比较，从量的比，自然体会到关系的比。在整体分析表格中数据时，体会速度的本质是一种关系。追寻知识本质的同时，学生全身心主动参与，在不知不觉中从基础层面的认知走向深度思考，不仅主动构建起数学模型，更发展了数学的理性精神和多角度分析问题的能力，领悟到数学学习的价值。

二、创造学习机会，经历真体验

教育部的张卓玉在"'双减'背景下的质量提升：机遇与挑战"主题分享中指出：在分析学生过重负担的构成中，我们发现，现在很多教学内容缺少与学生兴趣、爱好、生活、成长的关联；教学方式缺少对学生好奇心、探究欲、成就感的关注。教学内容不管多与少，学生都不感兴趣，会觉得是一种负担。身为教师的我们，常常打着"为了学生的明天"这一旗号，却做着"牺牲学生的今天"的行为。

以北师大版教材"周长"一课为例，以往的教学一般是先出示图形，描出图形的边线，然后向学生强调边线要有始有终，图形必须是封闭的，最后揭示"封闭图形一周的长度就是周长"。在学生认识周长以后，教师紧接着会安排测量图形周长的活动，包括曲线图形（如圆）的周长，一般还会在学具里提供毛线，启发学生化曲为直。这样的教学虽然体现了鼓励学生动手操作、渗透数学思想方法的意图，但实际上，贴心的学具准备已代替了学生的思维，学生既不易感受化曲为直的必要性，也失去了创造新经验的成长可能。

如果不给学生提供毛线，可能催发学生获得什么样的发展呢？真正驱动学生成长的，是好奇心和想象力。教学中，要充分相信学生，在认识周长的基础上，为学生创造测量圆周长的活动机会，为学生的真实体验与可能发展提供充足的时间与空间。学生是怎么测量的呢？小组合作中，有的学生首先想到的是学具里的量角器，三年级的他们没用过这种工具，天真地以为这就是量曲线图形的工具，可操作许久后发现不能贴合，急得直呼："谁有大号一些的？"在这种悬而未决的状态下，在好奇心的支配下，学生"脑洞大开"，有的发现自己的软尺可弯折用于测量，"化曲为直"自然生成；有的用指甲面的宽为单位，量一量、数一数圆的周长有几个这样的宽，直指测量本质；还有的学生拆下随身的口罩带、拔下头发丝拿来当工具……真实的体验中，各种可能的生长充盈着课堂。

学生的学习不是未来时，而是现在进行时。要相信学生，尊重学生的需要，为学生创造学习的机会。在这样的课堂中，学生乐于探究，不觉得学习是一种负担；这样的学习，有讨论、发现、提问

（分析），有争论、批判、辩论（评价），还有设计、修正、制作（创造）……既有积极的情感体验，也有高阶思维的卷入。学习真正发生了，学习能力和核心素养也在这样的学习过程中水到渠成地形成了。

教学中的学生操作不是教师给定工具后的走过场表演，而是教师创造各种机会，提供真实的任务和挑战，鼓励学生创造性地解决问题。在这一过程中，学生需要调动已有的生活经验和知识基础，进行理性分析和实战演练，把知识、技能和生活经验有机地融合起来，建构起数学与生活之间的多元联系。学生在这种学习机会中自然乐此不疲，没有负担，内驱力也会不断地增加。

三、改变学习方式，享受真思考

让所有的学生按照既定的节奏、用相同的方法进行学习，对学生来说，就是一种无形的学习负担。叶圣陶提出"教是为了不教"。教学理应回归育人的原点，从看见学生开始，想办法让学生主动地思考、质疑、探究与分享。当学生的真实声音被听见，真实需求被看见，真实想法被悦见，学习就不再是一种负担，而是一趟奇妙的发现之旅。那么，如何改变学习方式，驱动学生主动地"学"，让思考看得见呢？导学单、学习单和作业单这"三单"可以说是"学"的主要载体。可以通过设计前测问题、导学单来探明学生的学习起点，让教学有的放矢；借助核心问题、学习单，让学生走上"再创造"的学习之旅；通过后测问题、作业单（练习单），让学生巩固所学，反思提升。

仍以"周长"一课为例，教师不仅要通过前测问题"你知道什么是周长吗"来了解学生对周长的已有认知，更要通过一道周长比较问题来挖掘学生的认知困惑（见下图）。

草坪中的小路将草坪分成了甲乙两块地（如下图），这两块地相比（ B ）。

A. 甲的周长比乙长

B. 乙的周长比甲长

C. 甲乙周长一样长

D. 无法判断

1. 我的理由：

_____

_____

2. 我的困惑：

_____

_____

结果表明，参与前测的 125 名学生中，近四分之三已经知道什么是周长。那么，这节课还可以帮助学生获得哪些可能的成长？我们相信"少即是多"，摒弃细碎问题的累加，借助学习单提出"说一说，什么是周长""量一量，它们的周长各是多少"两个核心问题，为学生提供恰当的学习素材，启发学生对每个核心问题进行深度思考，并自主解决。再经历、再创造的学习过程中，每名学生都能基于自身的经验尽可能地自然生长。这不仅建构起对周长的认识，更在自主探究、互动协作中不断成长为成熟的思考者、学习者。

优化作业设计，发挥作业的增值功能，也是当前摆在广大教师面前的一项课题。如何让学生在有限的时间内"吃饱、吃好"呢？结合"周长"一课的学习，我们将教材中的练习进行改编，其中有这样一道题目：

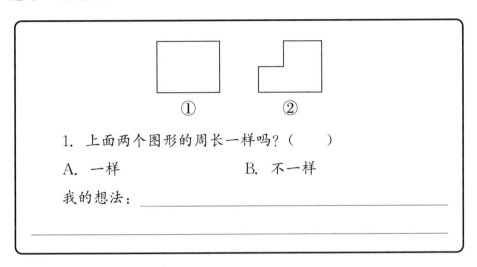

1. 上面两个图形的周长一样吗？（　　）

A. 一样　　　　　　B. 不一样

我的想法：_____

_____

从作业单中，我们惊喜地看到学生不同角度的思考，有的从测量的角度来比较，有的基于两个图形边长不一样的地方来推理，还有的结合图形运动的视角来推敲……巩固知识的同时，学生不仅触及周长的本质内涵，更主动打通了知识之间的联系，积累了数学活动经验，增长了数学智慧。

构建以培养学习能力为导向的真实课堂，要求教师成为一名好的学习设计者。结合前测调查，准确把握学生真实的学习水平，考虑学生的个性化需求，优化导学单、学习单、作业单的设计，把课堂还给学生，把学习的权利还给学生，使每名学生都有机会以自己的方式投入到学习中，让思考看得见，让成长看得见。

顾明远教授说："把课上好了，学生听懂学会了，作业就可以少布置一点了，负担就减轻了。所以，我觉得'减负'的出路最主要是在课堂上。"以培养学习能力、提升学生素养为导向的真实课堂，需要教师转变自身观念，以切实的努力推动课堂教学的变革，使教学目标的明确、学习机会的创造与学习方式的改变自然融合，相互作用，形成学科育人的合力，帮助学生发现更好的自己。改变很难，不仅需要时机，还需要达成理念和价值观的认同；不仅需要自省，还需要具有否定自己的勇气。但只要我们能够抓住教育发展趋势，顺势而为地改变，一定能成就一份属于自己的教育智慧。

2 构建说理课堂数学学科育人方式

　　《义务教育课程方案（2022 年版）》明确指出：进一步深化课程改革，推动育人方式变革，着力发展学生核心素养。[1] 说理课堂，力求回到育人的原点，"说数理""知学理""明教理"，在"教"与"学"的相互作用中构建学科育人方式，帮助学生学会学习，促进核心素养发展。这需要紧扣整体之"眼"，重视对教学内容的整体分析，把握教学内容与核心素养的关联；树理性之"魂"，设计恰当任务，驱动学生真实的探究与思考；悟学习之"法"，化"教"为"学"，促使学生主动学习，真正发挥学科育人的价值。

一、扣整体之"眼"，明晰结构注重关联

　　教学内容是落实教学目标、发展学生核心素养的载体。[2] 数学课程本身的知识、内容是紧密关联的。但是，在实际教学中，教师经常将单元内容分割为几个单一课时，仅仅按照课时安排完成教学内容，容易导致学生对知识的片面理解，不利于学生核心素养的

发展。

例如，关于分数与除法的关系，很多学生的认识只停留在二者之间的外在关系上，即"被除数相当于分数的分子，除数相当于分数的分母，除号相当于分数线，商相当于分数的值"。究其原因，跟教师没有整体把握教学内容，在教学中忽略分数与除法的本质联系，忽略了教材里隐含的"从数学内部发展的需求产生分数"这一深刻意蕴有关系。只有从根本上理解"用分数表示除法的商"这一分数与除法的本质联系，才能帮助学生真正追溯至分数产生意义的源头，探寻与原有知识的联系，重新建构分数的意义这一知识体系。

从人教版五年级下册"分数的意义和性质"单元的教学内容编排可以看出其内在逻辑，从概念到性质的认知与理解，再到方法与技能的把握与运用，整个单元的内容围绕"分数的意义""分数的基本性质"这两节的核心内容、重点内容展开，层层递进，循序发展。分数的意义这节内容从分数产生的历史、数学内部发展需求两方面帮助学生深化对分数的认知。一方面，从历史的角度和现实生活的需求揭示分数产生的现实背景；另一方面，从数学内部发展需求出发，解决除法运算的封闭性问题，呈现分数的另一重要意义。教师只有从整体上把握教学内容，才能准确把握每一个学习内容蕴含的深意，才能将内容与核心素养联系起来，"帮助学生学会用整体的、联系的、发展的眼光看问题"[3]，建立起能体现数学学科本质、对未来学习有支撑意义的结构化数学知识体系。

二、树理性之"魂"，设计任务驱动思考

好的学习任务设计要摆脱单纯的模仿和复制，要走向学生的发

展，这意味着学习任务的设计要依据学生的真实学情，结合学习目标，进行适时恰当地设计、更新和迭代。在"分数与除法"一课中，为了尽可能保证每一个学生都能在学习中得到最大限度的发展，笔者设计了前测单。问题1：计算1÷3，并说一说计算中遇到什么困难，有什么疑问。问题2：编一个用1÷3能解决的数学问题。同时，对未学小数除法的四年级学生及已学小数除法的五年级学生分别做了前测。前测结果表明，问题1中，五年级学生能用"0.333…"表示"1÷3"的商，四年级有个别学生知道小数除法，还有部分学生凭借平时玩计算器的印象，能用"0.333…"表示，其余学生无法正确表示出"1÷3"的商，或者空白没做。另外，四年级学生的疑问聚焦于"1比3小，能除吗？""小的数怎么除以大的数？"等问题，而五年级学生更多聚焦于"除不尽怎么办"。问题2中，无论是四年级学生还是五年级学生都能结合现实生活，提出"1÷3"能解决的问题。由此可见，学生基于已有的除法运算经验，仅从如何计算的角度思考，受"大的数除以小的数""除不尽"等思维的局限，无法主动勾连起除法与分数的关系。此外，考虑到日常教学中，学生屡屡在"量"和"率"的认识上产生障碍。结合本课内容的学习，笔者设计了这节课的学习任务。问题1：计算2÷3，写出你的想法。这一任务指向学生的数学观察，能启发学生从运算的角度主动还原到真实的问题情境，勾连起除法与分数的关系，突破"量"和"率"的认知障碍，发现用分数可以表示除法的商，实现从直观到理性的转身。问题2：计算3÷8、11÷17、4÷3，并说明理由。这一任务能引发学生在说理中不断加深对"分数能表示除法运算结果"的理解，实现"从直观到理性"的提升，培养学生的数学思维。问题3：

回顾课前疑难，仔细观察，有什么发现？这一任务能使学生学会用数学语言描述和分析分数与除法的关系，感受到分数作为"数"的本质属性，实现数概念的拓展，深刻体会学习"分数与除法的关系"的实际价值，完善知识体系的建构。

这样的任务设计，立足"分数"概念的理解，基于单元整体内容的全盘把握，结合学生的认知疑难与思维障碍，紧紧扣住学生感兴趣的真实问题，既考虑到学习任务本身的意义与价值，又考虑课堂应聚焦的学习内容与目标。对学生的学习来说，能真正发挥任务的效应，引发学生主动经历数学思考与实践，使学生在解决实际情境的真实问题中，挖掘本课内容潜藏的价值，对分数产生理性而又深刻、多元而又丰富的理解，提升学习的能力。

三、悟学习之"法"，变革方式提升素养

如果说数学观察、数学思维与数学语言是基于数学这门学科特质的独特要求，那么学习方式的变革就是学科育人的要求，不仅是数学学科育人的要求，而且是所有学科育人的共同要求。教育的最高境界是让每个孩子都成为他自己，把他的潜力充分地挖掘出来，把他的个性充分地张扬出来。[4] 教师要改变过去密集地向学生灌输知识、造成课业负担过重的情况，改变过去忽略质疑思维、探究精神、协作能力培育等局限，相信学生，把学习的主动权还给学生。

说理课堂上，教师应允许并鼓励学生的质疑、探究与分享，如学习任务中的问题1，就能一下子击中学生的固有观念，引发质疑。教学中，教师应抓住这样的时机，尊重学生的天性，还给学生质疑的机会，鼓励学生提出真实的困惑，进而使课堂结合学习目标，聚

焦于学生的真问题"2÷3的商等于几"，使学生由质疑开始，产生探究的兴奋感与热切感。

要促进学生的素养发展，教师要相信学生，相信每一位学生通过思考与探究，都可以在原有基础上得到新的生长。凡是学生能独立思考的，教师不提示；凡是学生有能力探究的，教师不指导；凡是学生能通过交流协作解决问题的，教师不替代。在解决"2÷3的商等于几"的任务中，学生已有分数意义和除法意义的认知以及操作、画图等解决问题的经验，教师应尊重学生的个体差异，把探究的机会还给学生，鼓励学生基于已有思维水平及知识经验进行独立探索，使每个学生都有机会对接自己的已有经验，迁移发现，产生独有的思考，并主动分享，实现多元思考的碰撞。

在这样的学习过程中，不仅促使学生自主建构起分数与除法的关系，突破"量"和"率"的思维障碍，厘清分数表示除法的商的道理，而且跳出分饼等实际的背景，进行抽象、理性思考，理解除法本质上就是在计算计数单位的个数，并体验到思考探究、克服挑战的精神满足。这样的教学，真正着眼于学生的终身发展，充分运用精简且富有深远意义的任务，使教师成为学生学习的组织者，启发学生主动学习。少量而适时的介入、恰到好处的引导，能使学生的思维逐步走向深入。

学生的举手不仅是为了解决问题，而且是为了提出问题。课堂中的讨论，既在表达自己的思考，也在倾听他人的思考。多元的分享，不仅是交流小组讨论凝聚的结果，而且能获得组际之间更丰富、宽广的探究与思维视角，最终于合作中解决问题。以学科实践为标志的说理课堂，把学生的质疑问难、独立思考、主动探究、分享协作视为学习的重要过程，使学生成为真实问题的发现者、提出者、探究者和解决者，主动发掘自己的潜能。教学也因此充满学生的灵性与智慧，被赋予更多的提升学生生命价值的内涵。如此，以学生核心素养培养为目标的教学，必将触动学习方式的变革。反过来，学习方式的变革，也必然助推学生核心素养的发展。

说理课堂，力求站在整体、全局的学科视野下，以人为学习主体，以人的发展为核心，用"说数理"这一独特的学习方式充分彰显数学这门学科的理性特征和规律，构建起以学科实践为标志的学科育人的方式，坚守并发挥学科应有的育人价值。

参考文献：

[1] 中华人民共和国教育部. 义务教育课程方案（2022 年版）[S]. 北京：北京师范大学出版社，2022：2.

[2] [3] 中华人民共和国教育部. 义务教育数学课程标准（2022 年版）[S]. 北京：北京师范大学出版社，2022：85.

[4] 朱永新. 教育，从看见孩子开始 [M]. 青岛：青岛出版社，2021：16.

五　说理课堂的课例思考

1　课例：长方体的体积

扫码看视频

【课前思考】

有个越野车的广告这样说："放眼整个世界，地球上只有1％的面积是铺装路面。"换句话说，剩下的那99％的面积是没有道路的。其实在知识的世界里，不就是如此吗？比如，长方体的体积，人们把"长方体的体积公式是怎么来的？为什么这样算?"等等一系列复杂的研究过程折叠在"长方体的体积＝长×宽×高"这个公式里，最终被"铺装"成1％的路面呈现在我们眼前。处在快速发展时代的我们，总担心孩子输在起跑线。"课外机构""爸爸妈妈""电脑百度""教材自学"等等轮番上阵，各种渠道畅通无阻，孩子先于课堂知道被铺装的1％是一件很正常的事，不仅会背而且还会算。可是这值得我们高兴吗?

　　世界每天都在变,现实中的新问题总是接踵而至。如果仅仅掌握这1%,仅仅拥有会背会算的能力,足够应对并解决各种新问题吗?数学学习究竟学什么?事实上,公式背后暗含的思考的方式和处理问题的方式,才是我们需要通过学习数学磨炼出的能力。我们要思考的是,怎么带着学生主动穿透已知的1%"路面",打开一个新口子,向被折叠的99%"重启"自己的学习发动机。用最本质的"说理"方式穿越数学学习的认知,构造属于自己的知识体系,最终在面对未曾经历的问题时具备思考与探索的学习能力。

【课堂实录】

一、起疑思理

　　师:知道长方体的体积怎么计算的请举手。(大半个班举手)

　　师:你们学过了吗?没有,你怎么知道?

　　生1:我们课外的时候会扩展一些。

　　生2:我和他一样,也是课外扩展。

　　生3:我是我爸教我的。

　　生4:我是自己先通过确定一个单位体积,再把单位体积填进一个长方体。

　　师:你的意思是自己研究的。

　　师:你们真的会吗?谁来说一说长方体的体积怎么计算?

　　生:(全班)长×宽×高。

　　师:(出示长方体)它的体积是?

　　生:$3×5×4=15×4=60$(立方分米)。

师：这节课本来要教长方体的体积，可是你们都会了。收拾好东西准备回家吧！

生：（生笑）不好。

师：都会了，为什么还不收拾东西回家？

生：我还不会为什么要用这个公式求它的体积。

师：他问了个什么问题？为什么是"长×宽×高"是吧？你不是机构扩展了吗？

生1：机构只告诉我们公式，不告诉我们理由。

生2：我的也是，只告诉公式。

生3：只告诉公式。

师：那你们觉得是回去还是留下来？留下来我们来研究什么？

生：为什么长方体的体积等于"长×宽×高"？

立足学生课前已通过各种渠道知道长方体体积公式的现状，教学力求从知识的本源切入，引发学生用批判的视角，重新思考已有的认知，进而产生质疑："为什么长方体的体积＝长×宽×高？"并以此为依托，驱动思维，调度学生已有的经验和方法，寻找知识的本质道理，使学习在此根基上得以生长。

二、探究知理

1. 独立思考，寻找道理

学习单：长方体的体积为什么这样计算呢？以下图为例，请写出你的理由。

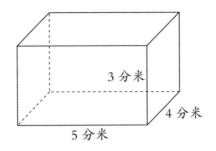

3 分米

4 分米

5 分米

2. 交流汇报，辨析道理

生1：我有两个方法：①长方形的面积是 $5 \times 3 = 15$（平方分米），它有 4 个这样的长方形，可以求出体积就是 $15 \times 4 = 60$（立方分米）。②1 个小正方体体积为 1 立方分米，共有 $5 \times 4 \times 3 = 60$（个），所以大长方体的体积：$60 \times 1 = 60$（立方分米）。

生2：为什么前面一个面的面积×宽就能得到体积呢？

生3：一面是 $5 \times 3 = 15$（平方分米），有 4 层，就是 $15 \times 4 = 60$（立方分米）。

生4：我有点没听懂，我的思路是找单位，先从一条线段的长度入手，看 5 分米的这条线段，以 1 分米为单位，它就可以分成 5 个这样的单位。再扩展到二维，加上 4 分米的这条线，再等分成 4 等分，1 个小正方形是 1 平方分米，那么整个面的面积就是有 $4 \times 5 = 20$（平方分米），今天学的三维空间，加上它的高度，恰好可以分为 3 个 1 分米，棱长为 1 分米的立方体的体积为 1 立方分米。那么长方体有这样的 $5 \times 4 \times 3 = 60$（个）1 立方分米，所以它的体积就为 $5 \times 4 \times 3 = 60$（立方分米）。

生5：什么叫作三维图形？你能把这个解释清楚一点吗？

生4：就是立体图形。

  构建说理的数学课堂

师：有没有发现他讲得好的地方在哪？

……

生6：我利用搭积木的原理。首先用长、宽、高都是1分米的正方体，填入它的第一层，第一层就会有20个这样的正方体，它的体积也就是20立方分米。长方体的高是3分米，而正方体的高是1分米，所以只要把这个20再乘3就是这个长方体的体积。所以5×4就代表是一层20个小立方体的体积，乘3就代表这个长方体中有三层这样的20个小正方体。这就是长方体的体积。

生4：他说的比我好。他结合生活中人人都搭过的积木，说清楚长方体的体积公式。而我用比较空洞的、大家都没接触过的三维向大家介绍，所以大家都不太懂。

师：讲大家都听得懂的话。其实他跟你一样，第一句话都是可以用棱长为1分米的正方体，都在？

生：找单位。

师：我好奇的是你怎么知道第一层就是20个刚刚好呢？

生6：您可以把它看成一个长方形，5×4您可以把它看成是20个1平方分米的小正方形，然后就可以把这些小正方体填进去。

……

基于问题引发学生在探究、思考、表达、交流等实践活动中，借助直观想象，主动观察和发现，沟通不管是从面积的计算经验迁移、从一维到三维的空间思考，还是从生活中的搭积木方法来拼摆，都一样"用数体积单位的个数来刻画长方体的体积"。进而在不断地质疑、说理中辨析"数体积单位的个数与长方体的体积"之间的关系，从个人的思考到全班的交流，引发思考逐步深入，深刻理解数体积单位能够确定长方体体积的内在逻辑和原理，领悟长方体体积的知识内涵，产生"真"学习。

三、辨析明理

1. 说一说：请计算出下面图形的体积，并说出理由。

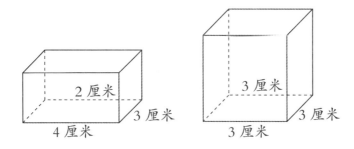

2. 想一想。

（1）猜想：一个长方体的体积是 8 立方分米，这个长方体的长、宽、高会是多少呢？

（2）说理：如果这个长方体的长和宽都是 4 分米，可能吗？如果可能，怎么解释它的道理？

3. 猜一猜：要将下图补搭成最小的长方体，这个长方体的体积是多少？（小正方体体积是 1 立方厘米）

生1：16。这个长方体最小的高应该是2了。现在它的长有4个立方体，它的长最小是4，宽最小是2，所以说4×2×2＝16。

生2：（手指图片）后面还藏着一个。

······

 思考

学习是否深度发生，与是否抓住知识的本质来实现迁移息息相关。教学应紧扣知识的内在道理，引发学生举一反三，在体现知识内在联系的具体问题中自觉地对比、辨析、理解、把握。在"说一说"中，一次次架构"长方体的长与每排个数""长方体的宽与排数""长方体的高与层数"及"长方体的体积与体积单位正方体的总个数"这四组数量的关系，在迁移说理的过程中将内隐的知识外显，同时得到经验的扩展与提升。在"想一想、猜一猜"中进一步活化知识，使学生再次把握知识的本质，展开联想，加强自身与知识间的内在联系，在明理的过程中"学会学习"，实现认知的完善和理解的丰富，发展空间观念。

四、沟通融理

师：有人说，长度、面积和体积的测量道理是一样的，你同意吗？为什么？

生1：我同意，因为大家都有一个共同点，它只要找到单位，去数一共有多少个单位就可以了。

生2：它们都有一个共同点，就是要找单位，找到它们的长度、面积和体积，从而推出它们的公式。

师：测量长度需要长度单位。（课件出示长度单位1分米的线段，演示测量3分米线段的过程）这条线段是几分米？你们怎么知道的？

生：有 3 个这样的长度单位。

师：后来我们又测量了面积（课件展示测量面积的过程）。

生：我认为它的面积是 6 平方分米，因为有 6 个这样的面积单位。

师：今天我们又测量了长方体的体积，还是用体积单位对不对呀？来数一数它有多少个。所以有一个名人这样说，他怎么说？

生：测量测量，就是数一数、量一量有多少个这样的测量单位。

思考

在恰当的设问、追问中引领学生再次站在"测量"这一制高点思考问题，将思维聚焦于"找单位"这一知识本质上，进行新旧知识之间的对比，从而产生自己的思考与发现。主动把新的学习纳入原有的知识与思维框架中进行融合，获得新生长的同时，完成知识体系的更新和建构。在这个思维深度参与的过程中，学习也得以不断地发生和延续。

【课后思考】

一、思理，重启"学习"的追寻

每个知识都是一个被铺装的路面，对于数学来说，我们每个人都能在前人的研究基础上，享用被铺装的公式、规律、定义……用最简单的方式去计算、去回答一些问题。但我们要明确的一点是，学习并不是为了让学生背一背公式，能考好试，而是要让学生发展面对未知的思考力和探究力。所以从个人的学习来看，得有能力去开辟那未曾铺装的路面。课堂面对学生都会了的"窘境"，更要帮助学生理性分辨已有的认知。"都会了，那就收拾书包回家吧。"幽默的方式，更容易使学生面对自己，思考自己"会"的是什么？真的"会"吗？进而思考"课外机构只告诉我们公式，没告诉我们理由"。主动面对既得的公式，重新启动学习，明确学习不只是要知道"是什么"，更重要的是探索"为什么"。借助极富张力的问题"为什么长方体的体积＝长×宽×高？"破除了公式所带来的表面迷惑，揭开了长方体体积的神秘面纱，从而引发学生广阔的思维，追寻蕴含着深度思考的学习空间。

二、说理，推动"认知"的思辨

如果只是把自己浸泡在各种知识的输入与存储之中，一旦你不再运用它，就会忘记。所以对学习来说，更重要的不是记忆与存储，而是在问题面前，能主动调用已有的认知经验，一次次地思索，一次次地表达，一次次地交流，进而在不断地辨析中认知掌握真理。学习中，面对"为什么长方体的体积＝长×宽×高？"这个真实的困惑，学生主动在脑海里启动已有的存储，有的联系长方形面积进行研究，有的联系测量单位进行研究，有的联系生活中的搭积木进行研究……在各种已有经验基础上，学生将原有认知和现有困惑在脑海里进行思辨，逐步实现自我认知理解。教学借助"有没有发现他讲得好的地方在哪？"……进一步鼓励学生思考，引发学生结合自己的认知理解，对外言说自己的观点，实现自我认知的表达。在汇报中，再次引发学生的思维碰撞，"为什么前面一个面的面积×宽就能得到体积呢？""什么叫作三维图形？你能把这个解释清楚一点吗？"在看似不变的交流方式中，学生借他人的问题看清自己，借自己的问题在他人身上寻找答案，从而不断刷新、不断深化自己的认知。

这样的说理学习是行动，是生产，是在真实困惑中不断思索，不断试错，不断创造，并形成自己理解数学的逻辑，最终拥有属于自己的认知的过程。在这个过程中，真正的学习已经穿透了学生的身体。

三、联理，更新"体系"的构建

更新的本质不是做新的事情，而是用新的条件把旧的事情再做一遍。"有人说，长度、面积和体积的测量道理是一样的，你同意吗？为什么？"恰当的追问，让学生真正将思维聚焦于"单位"这一测量的数学本质上。并在深度思维中逐步联通已有的测量长度和面积的经验，以及今天测量体积的本质，辨析三者的内在联系，阐明无论是测量长度、测量面积，还是测量体积，关键都在于"数一数、量一量有多少个这样的测量单位"这一度量的本质道理上。体会体积的测量只是长度和面积测量的一次拓展，度量的本质并没有发生改变，而是在原有的经验上，再次丰富度量的内涵。于是，长方体体积的学习不再是学生学习的外部公式记忆，而是与已有的经验进一步融合沟通，对原有的认知框架和知识体系进行一次更新，进而得到新的生长。

数学是讲道理的，我们要做的是：带领学生不断地回到知识起点，不断地展开说理思辨，不断地更新体系，在穿越认知大地的这条路上，"理"出属于自己的学习，构造属于自己的能力。

2 课例：真分数和假分数

【课前思考】

在一次日常教研中，聆听了"真分数、假分数"一课，课堂上学生自主操作，涂色表示分数，再对所表示的分数进行分类、比较，进而揭示真、假分数概念。教学过程流畅，学生的表达也很清晰。可是，当课中归纳出真、假分数的时候，我听到旁边的学生小声嘀咕"我早就知道真、假分数了"，同桌也点头表示赞同。课后追问班上学生，约有 80％ 的学生在课前已经对真分数与假分数有了一定的认知，多数学生在课前都已能举例说明什么是真分数、什么是假分数。因此，本课对于学生来说，就是配合教师实施课堂教学。可是，学生对真分数和假分数真的明白了吗？他们真的没有困惑吗？由于自学、兴趣班等各种因素，许多学生在新知学习之前已经对新知有了一定的认知，如何把握学生的认知现状，让不同的学生都得到发展，对教师来说是一大挑战。

数学学习应该是源于学生真实问题的学习，让学生生出疑问，因疑而学。在本课中，掌握真、假分数的规定（分子小于分母、分子等于或大于分母）并不难，事实上，不少学生课前已经知晓，他们自发产生的困惑都集中在假分数上，如：假分数假在哪里？其次是假分数有什么用？此外，学生学习"分数的意义"之后，习惯性地把一些物体看成单位"1"，对本课的学习造成了一定的干扰。这些恰是本课深度学习的着力点。

基于以上思考，本节课立足暴露学生的真实问题来激发学生学习的需求，让学生在自主探究的过程中引发对数学知识本质的思考，促进学生走向深度的数学学习。

【课堂实录】

一、暴露已知，互学提升

师：今天我们学习真分数和假分数，知道什么是真分数和假分数的请举手。这么多人知道，你是怎么知道的？

生：我是在课外兴趣班学的。

生：数学书上看到的。

生：我是偶然一次妈妈教我的。

生：我看的课外书上有。

......

师：看来，许多同学都知道了真分数、假分数。可是，还有几个同学不知道，怎么办？

生：我来告诉他们。真分数就是分母大于分子的，比如 $\frac{3}{4}$。假分数就是分母等于分子或者分母小于分子的，比如 $\frac{3}{3}$ 和 $\frac{4}{3}$。

师：你们觉得他说得好不好？好在哪里？

生：他会举例。

生：他举例出来之后能让大家听明白，而且他举的例子是比较简单的分数，很容易懂。

生：他举例了一个真分数；还举例了两个假分数，一个分子比分母大，一个分子等于分母。

学生在学习新知的时候，生活经验和知识经验决定了其认知并非零起点，课堂中必然会出现所学知识有的学生已经会了，有的学生还不会的现象。本课知识已会的学生占多数，为此，让学生转变角色，变"学"为"教"，用学生的方式来引导同伴学习，既让不懂的学生在倾听中感受新知，又让懂的学生学会采用合理的策略准确表达，让全体学生都获得成长。

二、提出问题，自主探究

1. 激发困惑，提出问题

师：今天要来学习真分数和假分数，既然你们都知道，请大家收拾好东西准备下课！

学生迟疑，摇头。

师：都知道了，为什么还不下课？

生：因为我们还没深入学习，我们只知道什么是真分数和假分数。

师：你们还想深入学习什么？还有什么困惑吗？

生：我想知道真分数和假分数各代表什么。

生：它们有什么关系？

生：真分数和假分数是怎么来的？

生：假分数是不是分数？如果是，为什么叫假分数？

生：它们有什么用？

生：假分数假在哪里？

……

师：还有问题吗？真好。同学们不满足于知道是什么，还提出了许多问题。真正的学习是从自己的疑问开始的。

思考

"问起于疑，疑起于思，数学学习就是一个不断生疑、质疑、释疑的过程。"很多教师专注于设计系列问题来实施教学环节，但这样更多的是考虑教师的教，而忽略了学生自身对知识的真实困惑，久而久之，学生也就习惯于被动学习，失去对所学知识质疑的能力，缺乏提问题的欲望。本环节意在暴露学生真实的困惑，激发学生主动提出问题，从自身的问题出发进入深度学习。

2. **数形结合，理解意义**

师：大家的这些问题怎么研究？有什么建议？

生：听老师讲。（生大笑）

生：我们一起研究。（生鼓掌）

生：我们可以画图来研究。

师：这个建议好不好？好在哪里？

生：通过画图就可以表示出分数，知道分数是怎么来的。

师：好的，把1个正方形作为单位"1"，你会表示出四分之几？

生：我会表示 $\frac{1}{4}$、$\frac{2}{4}$、$\frac{3}{4}$、$\frac{4}{4}$。

生：$\frac{1}{4}$ 就是把这个正方形平均分成 4 份，涂上这样的 1 份。

师：你上来画一画。

学生在黑板上涂出 $\frac{1}{4}$。

师：你还会表示哪个分数？

学生继续在黑板上涂出 $\frac{2}{4}$。

生：每一份是 $\frac{1}{4}$，取这样的 2 份就是 2 个 $\frac{1}{4}$，也就是 $\frac{2}{4}$。

师：还可以表示——

生：取这样的 3 份就有 3 个 $\frac{1}{4}$，也就是 $\frac{3}{4}$。

生：取这样的 4 份就有 4 个 $\frac{1}{4}$，也就是 $\frac{4}{4}$。

师：$\frac{4}{4}$ 是什么分数？

生：真分数吗？是真分数还是假分数？

生：是假分数。

师：你为什么产生这个困惑？

生：它可以在一个正方形里面表示出来，所以我认为是真分数。为什么说是假分数呢？

师：是啊，你们怎么认为是假分数啊？

生：我觉得书本里面不会写错，因为书上说分子大于分母或者分子等于分母的分数都是假分数，只有分子小于分母的才是真分数。

师：那为什么分子和分母相等是假分数呢？

生：因为分子和分母相等，它就等于1，1是整数，不是分数。

师：谁听懂了？

生：$\frac{4}{4}$ 就是1，其实就是整数，所以叫它假分数。

师：同意吗？（生鼓掌）

师：继续，$\frac{5}{4}$ 怎么表示？

学生摇头表示不会。

师：你碰到什么问题了？

生：一个正方形平均分成4份，怎么能取出5份呢？

师：对呀，这怎么取呢？会表示的请举手。

有四五个学生举手，其他学生一脸困惑。

师：这么多同学不会，请会的同学来说一说。

生：必须再拿1个正方形，再平均分成4份，就能表示出 $\frac{5}{4}$ 了。

师：他说要再拿一个正方形，你们同意吗？

生（齐）：不同意。

生：再拿一个正方形的话就变成8份了。

师：什么意思？

学生跑上来画图。（下图）

生：这是 $\frac{5}{8}$，不是 $\frac{5}{4}$。

师：到底是哪个分数？

生：是 $\frac{5}{4}$，因为是把 1 个正方形平均分成 4 份，取了 5 个 $\frac{1}{4}$。

生：不对，有 2 个正方形就相当于平均分成 8 份，每份是 $\frac{1}{8}$，5 份应该是 $\frac{5}{8}$。

师：他说是 $\frac{5}{8}$，这又是怎么回事？

生：他是把 2 个正方形看作单位"1"了，才变成 $\frac{5}{8}$。

师：什么意思？

生：他这是把 2 个正方形当作单位"1"了，所以才会变成平均分成 8 份，而我们是把 1 个正方形看成单位"1"，平均分成 4 份。

师：（追问认为是 $\frac{5}{8}$ 的学生）那现在你有没有看到 $\frac{5}{4}$？

生：如果把一个正方形看作单位"1"，这里涂了 5 份就是 $\frac{5}{4}$。

师：他说对了吗？掌声送给他。以 1 个正方形为单位"1"，你还能表示出四分之几呢？

生：还能表示出 $\frac{6}{4}$，第二个正方形再涂一个 $\frac{1}{4}$，就是 $\frac{6}{4}$。

师：还有吗？

生：$\frac{7}{4}$，涂 7 份，7 个 $\frac{1}{4}$。

生：$\frac{8}{4}$ 也可以。

生：也可以表示 $\frac{9}{4}$，再来一个正方形就行。

生：$\frac{10}{4}$ 也可以。

生：$\frac{11}{4}$，说不完。

师：是的，虽然说不完，但是大家回头想一想，真、假分数之间有联系吗？把你的发现和同桌说一说。

生：它们都是分数。

生：它们都是由几个 $\frac{1}{4}$ 组成的。

师：因为它们都是分数，都是把一个单位"1"平均分成若干份，表示这样的 1 份、2 份、3 份等都可以表示几个几分之一。

（板书：（　　）个 $\frac{1}{（　　）}$）

思考

对于假分数，学生存有两个真实的困惑：一是比 1 大的假分数到底怎么表示，其原因是学生以往认识的分数均为小于或等于 1 的分数，在学习和生活中，比 1 大的假分数比较少见；二是借助两个"1"表示的分数到底是 $\frac{5}{4}$ 还是 $\frac{5}{8}$，这是受到可以把多个物体看成单位"1"的干扰。面对学生的认知困惑，教师应让学生根据分数的意义，自己厘清 $\frac{5}{4}$ 和 $\frac{5}{8}$ 之间的联系和区别，真正深入理解真、假分数的意义和内涵。

3. 借助数轴，沟通联系

师：你能在数轴上找到真分数、假分数的位置吗？同桌先说一说，黑板上的这些分数，位置分别在哪里？

生：把 0 到 1 平均分成四段，取其中的 1 份，就是 $\frac{1}{4}$，取 2 份就是 $\frac{2}{4}$，取 3 份就是 $\frac{3}{4}$，取 4 份就是 $\frac{5}{4}$。

学生依次在数轴上表示出这些分数。

师：继续。

生：$\frac{4}{4}$ 最好找，就是 1。

生：$\frac{5}{4}$ 就是 1 后面加 $\frac{1}{4}$，因为它有 5 个 $\frac{1}{4}$。

学生到黑板上指出 $\frac{5}{4}$ 的位置。

师：对吗？你有什么发现？

生：$\frac{5}{4}$ 实际上就是 1 再来一个 $\frac{1}{4}$。

生：就是一又四分之一。

师：对了，$1\frac{1}{4}$ 是假分数的另一种表示形式，我们把它叫作带分数。读一读。

师：那么，$\frac{6}{4}$、$\frac{7}{4}$ 你能找到吗？

生：$\frac{6}{4}$ 就是 1 加 $\frac{2}{4}$，也就是 $1\frac{2}{4}$。

生：$\frac{7}{4}$ 就是 1 加 $\frac{3}{4}$，也就是 $1\frac{3}{4}$。

生：再加一个 $\frac{1}{4}$，$\frac{8}{4}$ 就是 2 了。

师：请大家仔细观察一下真分数、假分数和带分数，有什么发现？

生：带分数其实就是假分数，只是写法不同。

生：真分数就是小于 1 的分数，而假分数等于或者大于 1。

生：假分数里面都可以分出一个整数来，真分数就不行。

师：他说的是什么意思呢？

生：因为真分数比 1 小，而假分数比 1 大或者等于 1，所以假分数可以写成整数或者整数加一个真分数。

师：真厉害，掌声送给他。

真分数、假分数和带分数都是分数，它们之间有什么区别和联系？借助数轴，让学生在寻找真分数、假分数时发现：假分数其实就是整数或者整数加真分数。带分数的出现水到渠成，学生感受到带分数其实就是假分数的另一种表示形式，沟通了知识之间的联系。

三、联系实际，拓展应用

师：关于真、假分数，你们还有什么问题吗？

生：假分数有什么用？

师：生活中有用到假分数吗？你能举例说一说吗？

生：比如分蛋糕，一个蛋糕，有多少个人吃就得把它平均分成多少份。

师：你觉得这样产生的是真分数还是假分数呢？

生：真分数，因为只有一个蛋糕。

生：如果有好几个蛋糕，每人就可以分到不止一个蛋糕。

师：他说的是什么意思？

生：就是蛋糕不止一个，如果吃的人数比蛋糕数少，那每人分到的就比1多了。

生：比如，5个蛋糕分给3个人，每个人分到的个数就是假分数。

生：其实就是粥多僧少的意思。

……

师：下面哪些情境可以用假分数表示？请说明理由。

A. 做1个蛋糕需要用$\frac{1}{3}$杯水，做4个蛋糕需要用几杯水？

B. 3块饼平均分给2个人，每人分到几块饼？

C. 奶奶每天早中晚各吃1粒药，这板药（10粒）能吃多少天？

生：我认为A是假分数，因为做1个蛋糕需要$\frac{1}{3}$杯水，做4个蛋糕就需要4个$\frac{1}{3}$杯水，是$\frac{4}{3}$杯水，也就$1\frac{1}{3}$杯水。

生：B也是假分数，3块饼平均分给2个人，每个人分到$\frac{3}{2}$块饼。

生：我觉得C也可以用假分数来表示，因为1天吃3粒药，那么10粒药就可以吃3天还有剩余。

师：假分数有用吗？

生：有用。

师：经常用吗？（少用）为什么少用呢？

生：因为最后都用整数或者带分数来表示了。

师：为什么呢？

生：因为用带分数比较好看。

生：比如$\frac{7}{3}$，需要再想想到底是多大，化成$2\frac{1}{3}$可以一下子看出它比2多一些。

师：关于真分数、假分数，你还有什么想要继续研究的吗？

生：假分数怎么计算？

生：以后还会出现不一样的分数吗？

……

师：对了，数学学习就需要对知识不断地追问，才能让学习走向深刻。请大家带着问题回去继续思考。下课。

生活中出现比1大又不是整数的情况通常用带分数或者小数表示，假分数是比较少见的，所以学生产生了"为什么要学假分数，假分数有什么用"这一困惑。本环节中，学生在理解假分数之后，自主寻找生活中的假分数，进一步深化理解概念的内涵。借助常见的三种现象，让学生辩证地看到假分数、带分数的实际应用。

扫码看视频

3 课例：认识负数

【课前思考】

负数的认识是数概念的一次扩充，标志着数学发展的又一次飞跃。以往学习的自然数（0 除外）、分数、小数等正数都是度量产生的结果，其核心是计数单位，其中，自然数和小数还凸显十进位位值制这一关键。负数的扩充已不再那么自然，它不是测量所得的结果，其根本属性是表示与正数相反意义的量。所以，对于学生来说，与以往所学的数相比，负数的学习较为抽象、困难。

人教版、北师大版、苏教版小学数学教材主要从以下两个方面帮助学生理解和认识负数：一是基于现实需要研究负数的现实模型，认识负数；二是结合实例，从丰富的现实背景中理解负数表示的是与正数相反意义的量。但数学学习不能仅仅停留在对现实生活的应用上，还应从数学及学生内部发展的需要来思考，体现数学这门学科独有的培养人的数学思维的价值。

如果只是把书本上的知识搬到课堂上，还不能称其为"学习"。知识本身都蕴含着一定的要求与价值期待，只有在具有挑战性的真实问题驱动下，才能使学生真正思考起来，变被动的输入学习为主动的输出建构，从而实现从纯粹的知识获取到有价值的知识体悟的转变，这便是"说理课堂"追寻的模样。在上负数这一课时，教师透过问题这一杠杆支点，立足学生的现实生活和数学发展的内在需求，推动学生真正理解负数的数学本质，体会负数产生的原因、过程及其意义。在此过程中，不断放大负数的价值，促使学生用理性的思维方式，整合自身及他人的观点，汇集集体的力量来解决问题。同时，引导学生超越原有的知识属性与规定，在直接的、有用的、多层次的学习中追溯负数产生的源头，推动学生一次次打开未知的世界，开放思维，真正进入负数这一知识所承载的深远世界，最终不仅使学生获得了知识，更使他们看到了知识的价值。

【课堂实录】

一、明——理清起点

师：大家见过负数吗？

生：见过。

师：都见过啦，会写吗？写一写。你们可以边写边读给同桌听。

教师随机请一个学生到黑板上读写负数。

生（边写边读）：－1，－2，－3。（全班齐读黑板上书写的负数）

师：你在教大家读，是吧？你再写一个，看看大家还会不会读了。

生（继续写）：$-\dfrac{4}{7}$。

全班（齐读）：负七分之四。

思考

负数虽为新知，但学生对它并非一无所知。在现实生活中，学生都见过负数，知道它在生活中表示的意义，甚至能自己把它从生活中抽象出来，有一定的数学认识，会读写负数。但真正的学习不只是表面叙述和理解知识的属性，教师应该帮助学生有层次地探究知识的多维属性和深远意义。课堂伊始，教师通过与学生对话拉开负数学习的序幕，看似简单，实则是为了深入到学生的实际认识中，准确把握、立足学生已有的认知基础，洞悉学生有关负数认知的最大区域，了解学生的真正需求，发现学生的真实困惑，找到学生的现有水平和将要去往的未来水平之间的联结点，从而确立学习的生长点，使学生于不知不觉中进入真正的学习状态，以期使负数从纯粹的知识转变成更有价值的知识。

二、思——理向本源

话题一：假如世界上没有负数，可以吗？请说明理由。

四人小组热烈讨论，之后组织学生汇报讨论的结果。

生1：这世界上不可能没有负数。如"1－2"，2比1大，如果没有负数，就算不出"1－2"的差了，所以得有一个负数来表示它们的差。

生2：我觉得不可以，因为如果没有负数的话，低于零度的温度、低于海平面的海拔该怎么来表示？

每个学生的发言都引来一阵掌声。

师：很奇怪，我听到的都是掌声。竟然没有一个人去反驳他们的观点。

生3：我觉得低于零度的温度，也可以直接写成零下几度，所以没有负数也可以。

生4：负数可以省略一些字，直接加条杠就可以把文字代替掉了，所以不可以没有负数。

师：我们以前不是学过很多数吗？为什么不够用了呢？

生5：因为在我们学过的数里，表示的都是有多少数，没有一个数可以表示缺了多少数。

生6：而且我们以前学的数没有一个是低于0的数，小于0的数。

师：对呀，就像你们说的，生活中有地上有地下，有多的有缺的，为了表示这样两种相反意义的量，我们就把原来认识的数都称为正数，这时候另外一种就要用什么来表示呀？

生：负数。

师：这都是生活上的。你们一开始还说了一个"1-2"，这是数学上的。学了分数，我们就可以用小的数除以大的数（板书：$2 \div 3 = \frac{2}{3}$）。有了负数，我们就可以用小的数减大的数。以后，两个整数之间的加减乘除，是不是都没问题了？所以，你觉得这世界上需要负数吗？

生：需要。

 思考

对于学生来说，知道知识在哪儿，又缘何产生，比知道这个知识是什么更为重要。真正触发学生学习的不是他们已有的认知存量，而是他们在求知路上遇到的问题。为什么要学习负数？负数究竟是怎么产生的？这是大多数学生的认知困惑点，它们恰恰能帮助学生重新审视自我。上述教学，借助话题一引发学生调用已有的经验与认知，观察、思考、辨析、理解平时没有关注到的问题，使他们主动在生活与数学之间以及各个数学知识之间建立起链接，在抽象中借助自身的经验，倾听他人的思考，通过不断还原追溯负数产生的源头，从而促进他们既从自然背景和人为规定等生活实例中感悟负数产生的意义，又从数学减法的视角体会负数比 0 还小，进而思考引入负数的必要性。

三、辩——理向未知

话题二：0 是正数还是负数呢？请说明理由。

四人小组热烈讨论，之后组织学生汇报讨论的结果。

生 1：我觉得 0 既不是正数也不是负数，因为它不缺少什么，也不增加什么。

生 2：0 表示的是没有，正数表示的是增加了多少，负数表示的是减少了多少，而且 0 前面加一个负号和 0 前面不加负号是一样的，所以 0 既不是正数也不是负数。

生 3：如果 0 是正数的话，表示得 0 个，等于没有；如果它是负数的话，表示缺 0 个，说明没有缺，所以我觉得 0 是个独特的数。

师：那么，0 到底是什么呢？我们来做一件事。（出示图 1）请你把珠穆朗玛峰和吐鲁番盆地的海拔高度与同桌说一说。再想一想，为什么吐鲁番盆地的海拔高度可以用负数来表示？

生 4：因为它低于海平面，也是小于 0。

生 5：这时候的 0 表示海平面。它是一个中间数，也是一个分界线。

师：如果以这个为分界线（指着大屏幕上海平面以下的位置），

吐鲁番盆地的海拔还是负数吗？可见0不只是一个分界线，还表示一个标准数。再看（出示图2），这时候的0摄氏度是有度数还是没有度数？

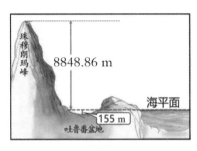

图1

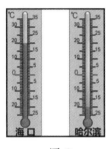

图2

生：有度数。

师：对了，0不仅仅是一个分界线，是一个标准，还能表示实际意义。

"已知"有时会成为新发现的重大障碍，但有时又是启发新思考的关键要素，关键在于能否透过"已知"看到"未知"。对学生来说，0既熟悉又陌生。学生已经知道0作为自然数表示没有。话题二紧扣学生的困惑点、生长点，启发学生跳出眼前的问题，帮助他们突破原有对0的认知，从正数、负数这一组表示相反意义的量出发开启逆向思考，经由正数和负数的认知链接起对0的新认识，从而带动知识链的建构和碰撞，重新定义0的价值。之后，教师以"海拔高度"和"温度"为例，引导学生体会0可以表示分界线，同时又是区分正负数的标准，感受0还可以表示海平面的高度、一个具体的温度等确定的量，具有实际意义，促进学生对正数和负数的认识向纵深推进。

四、推——理向开放

话题三：他们说的是真的吗？请说明理由。

1.（出示下图）图中说的是真的吗？请说明理由。

五（4）班		
姓　名	身高/厘米	体重/千克
马小春	3	－4
林　伟	1	0
张文杰	－2	＋3

生1：我觉得不是真的，因为人不可能往下长，只能往上长。长到－2厘米是不可能的。

生2：我觉得应该是真的，因为这里的3也许可以表示其他的数，还有1，还有－2。

生3：我觉得是对的。如果及格线是140厘米，张文杰是138厘米，是有－2这个身高的。

大家恍然大悟，教室里不由得响起阵阵掌声。

2.（出示下图）张文杰说的是真的吗？

张文杰说，从学校沿格子虚线直走两格是他家。

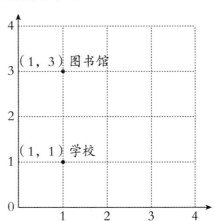

生 1：我觉得他说的有可能是真的。它上面只画了竖着走两格，有可能他家是横着走两格。用数对（3，1）表示。

揭示：数对（3，1）是少年宫。

生 2：我觉得张文杰说的是真的，他可以从学校往下面走，走两格的话，图上没有表示出来，但可以用负数表示，因为 0 是这张图的底线，但实际上 0 不一定是底线。

师：（出示下图）以前我们对数轴的认识只限定在正数范围内，现在有了负数，张文杰的家可以向四面八方延展了。

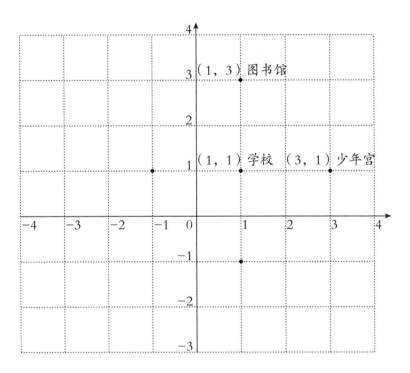

 思考

判断学习是否真正发生，就要看学生能否活学活用，能否主动运用学到的知识来解决问题，并从中"悟道"，充分展现知识的价值。话题三引发学生借用前面的学习照耀新的思维空间，启发学生通过自己的思考再次深刻理解 0 的价值，内化正数和负数是表示相反意义的量的数学本质，帮助学生感知用正数、负数描述和记录生活世界的合理性、严谨性和系统性，使他们进一步体验用正数、负数刻画现实世界的独特魅力和实用价值。

好的问题是与学生的生活实际和认知实际相关联的、具有挑战性的问题。它就像学习的杠杆支点一样，能撬动学生的好奇心，引发他们追寻学习的真理；能撬动学生的生活经验和已有认知，引领他们向未知领域前行；能撬动学生的思维，促进他们向更开放、更自由的学习深处奔跑；更能激发学生主动站在课堂中央的欲望，激发他们自由地表达、畅快地思考、深入地交流。本课的教学，旨在促进学生借助符号知识认识、理解、把握负数所承载的价值和意义，推动学生在追溯、辨析、说理的过程中不断反思自我、更新认知、创造学习。在丰富知识的意义和价值的同时，引导学生建构起自己对客观世界的认知方式，这正是说理课堂的根本追求。

4 课例：组合图形的面积

在"双减"背景下，为呈现更好的课堂样态，真正实现课堂的提质增效，教师通过构建说理课堂，以学为中心，立足学生的元认知，引领学生围绕问题探究，在同他人的合作交流中，串联已有的知识及同伴的思考，并且表达自己独到的见解，发挥自身的创造力来解决问题，让学习真实发生。下面是苏教版五年级上册"组合图形的面积"这节课的教学实践与思考。

一、课前慎思——把握学生立场

教学本节课之前，学生已经掌握了长方形、正方形的面积计算方法，知道求面积的本质就是数面积单位的数量。同时掌握平行四边形、三角形、梯形的特征，经历了运用转化的思想方法推导出这几种图形的面积计算公式的过程。每一节关于面积的课都有自己承载的目标，尤其是在综合运用学过的方法推导梯形的面积计算公式时，有部分学生将梯形作为组合图形进行分割与重组，体现了学生对组合图形已经有一定的了解。经过前测发现，84.6%的学生能够独立用至少一种方法计算组合图形的面积，9.6%的学生计算出现错误，剩下5.8%的学生需要经过提示才能完成任务。由此可见，学生有足够的学习经验自主探究组合图形的面积。

求组合图形的面积一般都有多种解决方法，但转化为基本图形时必须考虑已知条件，有些方法因所需数据小学还没办法求出而行不通。因此，是否在课堂上提供带有数据的组合图形让学生探索，我们有过纠结。在对学生的前测调查中发现，出示带有数据的图形，以计算某些图形的面积为目的进行考查，导致学生对"怎样处理""为什么这样处理"的理解不够深刻。因此，计算现实生活中组合图形的面积问题，并不只是为了计算而计算，更多的是根据需要去寻求条件来解决问题。

经过分析，重新定位了本节课的教学价值，探索过程不再把重点落脚于计算各种面积及总结各种方法（如割补法等）。而是强调学生经历自主探究组合图形面积的过程，感受转化思想，体会解决问题方法的多样性，丰富解决问题的策略，提高分析和解决问题的能力，发展思维的深刻性和灵活性，进一步发展空间观念。

二、课内笃行——看见真实学习

1. 立足起点，探求方法

为了给学生创设自主探究的情境，启发学生多角度、多方向、多层次的思考，课始出示不带数据的组合图形，让学生将关注点从局部引向整体，便于对图形的整体结构进行分析。

问题一：你准备用什么方法求下面这个组合图形的面积？把你的想法表示出来。

师：我们已经学习了如何计算简单图形的面积，而生活中还有像上面这样的组合图形。用什么方法求出它的面积呢?

学生独立思考后小组交流。

师:谁先来和大家分享你的想法?

生1:我把这个组合图形分成一个三角形和一个长方形。先求出三角形和长方形的面积,相加就可以求出原图形的面积。

生2:还可以把这个组合图形分成两个梯形,分别求出面积后再相加即可。

生3:我对你的想法有补充,只要求出其中一个梯形的面积,再乘2就可以了。

生4:其实将分成的两个梯形通过旋转可拼成一个平行四边形,再直接求面积即可。

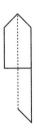

生5:我给这个组合图形补上两个小三角形,就拼成了一个长方形。用长方形的面积减去两个小三角形的面积,就是原图形的面积。

构建说理的数学课堂

生6：我的方法是把这个组合图形分成三个三角形，这三个三角形的面积和就是原图形的面积，其中左右两边的三角形一样大。

生7：我先把组合图形分成三角形和长方形，再把三角形上面的顶点平移到长方形右面这条边的延长线上，这样就和长方形构成了一个梯形。平移后的三角形和原来的三角形同底等高，所以组合图形的面积不变，正好是平移后的梯形的面积。

师：不同的人有不同的想法。观察刚才的这些方法，你有什么发现？

生1：相同点都是把不规则图形转化成已经学过的规则图形来求面积。

生2：不同点是把不规则图形转化成了不同的规则图形，比如有的是把组合图形分成了三个三角形，而有的是把它分成了一个三角形和一个长方形。

生3：还有的是用了添补法，把这个组合图形补成一个长方形后，再利用图形关系计算出它的面积。

生4：这些方法用到了分割、添补、顶点平移，还有旋转。

师：你说的平移，实质上是进行了等积变形。

生5：我觉得不管用什么方法，都是把没学过的知识转化成已经学过的知识。

师：如果让你选择一种方法，你想选择哪一种？

生1：我想选择第一种方法，因为三角形和长方形的面积可以很简便地计算出来。

生2：我觉得第四种添补法更好，用到的也是我们学过的简单图形面积计算。

生3：我觉得分割法和添补法会让计算更复杂，我选择第六种顶点平移的方法，这样计算更简便。

生4：我也选择第六种方法，因为分割法和添补法都要分多步进行计算，而等积变形只要计算一个梯形的面积就可以了。

生5：我觉得求组合图形的面积，有时分割法简单，有时添补法简单，应该根据实际情况选择合适的计算方法。

师：真好，同学们会思考、会选择。我们有了方法之后，计算这个组合图形的面积还需要数据。

课件出示：

生1：给出这两个数据，只能求出下面那个长方形的面积。

生2：应该再给出上面三角形的高的数据。

生3：这个组合图形是由两部分组成的，只给出其中一部分的数据，不能求出它的面积，只有把缺少的数据补上才可以选择方法求解。

 思考

问题一立足于学生的学情，为探究留足了空间。课堂中的对话交流并非不同方法的简单呈现，而是展示了学生的个性化思考，更多的是倾听之后的选择、重构……从没有数据图形的特征出发，思考方法、选择方法，再到寻求需要的数据，这个过程中学生在关注方法的同时，领悟其本质。在这个过程中，学生深切体会解决问题的合理性、灵活性。

2. 逆向思考，深化理解

学生从图形入手经历自主探究组合图形的面积计算方法的过程后，由算式入手，从无数据的寻法转变到有数据的思辨。在由算式想象图形的过程中，进一步提升学生思维的深度。

问题二：这个算式能求出下面涂色部分的面积吗？请说一说其中的道理。

$8×5+5×2÷2$

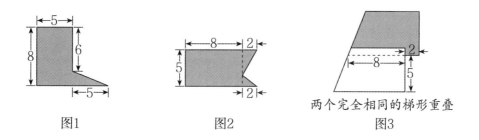

图1   图2   图3

两个完全相同的梯形重叠（图3）

师：同学们通过独立思考、合作探究解决了求组合图形的面积问题。老师这里有一个算式，它也能求出一个组合图形的面积，想象一下这是个什么样的图形呢？（课件先出示算式，在学生思考后出示三个组合图形）

师：和你们想象的图形一样吗？

生1：我觉得这个算式可以求出图1的面积。

生2：我觉得它不能求出图2的面积，因为没有给出两个三角形的高的数据。

生3：我不同意你的说法。（上台边演示边说）如下图，这个图形可以补成一个长方形，涂色的两个小三角形的底加起来和空白部分三角形的底相等，高也相等，所以涂色的两个小三角形的面积和等于空白三角形的面积。8×5表示的是大长方形的面积，5×2÷2表示的是两个小三角形的面积，所以8×5＋5×2÷2可以求出图2的面积。

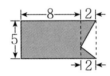

师：图3这个组合图形呢？

生1：我认为这个算式不能求出图3这个组合图形的面积。因为算式中的8×5表示的是长方形的面积，再加上5×2÷2，找不到有联系的图形。

生2：我认为这个算式可以求出这个涂色部分的面积。（上台边演示边说）因为是两个完全相同的梯形重叠在一起，所以虚线往下的梯形的面积就等于涂色部分的面积。将虚线往下的梯形分割成一个长方形和一个三角形，长方形的长是8、宽是5，它的面积就是8×5。原梯形的下底是8＋2，所以三角形的底是2、高是5，它的面积就是5×2÷2。所以用8×5＋5×2÷2可以求出涂色部分的面积。

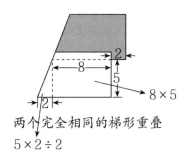

两个完全相同的梯形重叠

$5 \times 2 \div 2$

师：同学们还有疑问吗？

生 3：为什么涂色部分的面积就等于下面这个梯形的面积呢？

生 2：假设上面这个大梯形是甲，下面这个大梯形是乙，重叠的部分是①。那么涂色部分的面积就是甲的面积减去①的面积，虚线往下的梯形的面积就是乙的面积减去①的面积。因为甲和乙是完全相同的梯形，所以剩下部分的面积相等。这个算式可以求出虚线往下梯形的面积，也就可以求出上面涂色部分的面积。

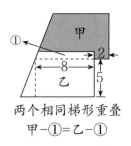

两个相同梯形重叠

甲-①=乙-①

师：同学们在独立思考、合作交流中不断地辨析，由算式想象图形，其实这个过程就是等量替换的过程，也就是转化的过程。

从算式到图形引发了学生的逆向思考。对于图 1 这个组合图形，所有学生的看法统一；对于图 2 这个组合图形，大概 20％ 的学生认为不可以；对于图 3 这个组合图形，则是较多学生的学习难点。教学中，由学生提出疑惑和问题，然后共同辨析、讨论、交流，慢慢清晰了认识，逐步完善了自己的思考。从割、补、拼到等积变形、等量替换，学生经历了观察、分析、推理等思维活动，发展了空间观念。

3. 回顾梳理，整体建构

多边形的面积是"图形与几何"领域测量模块中的重要内容，不同版本的教材都是将不同的图形置于同一教学结构中探索，便于进行结构化迁移。教学中，教师要看到知识背后的整体内在联系和脉络，为学生的学习和思考埋下线索。

问题三：求组合图形面积的方法和学过的推导平面图形面积的方法一样吗？

课件出示：

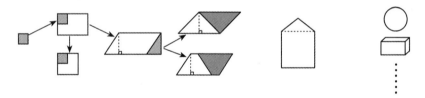

师：回头看一看，我们这节课学习了求组合图形面积的方法，和以前学过的推导平面图形面积的方法一样吗？

生 1：我觉得是一样的，都是把没有学过的图形转化成学过的图形。

生 2：我也觉得是一样的，都是把没有学过的知识转化为学过的知识。

师：如果以后遇到更复杂的图形，相信你们也一定会想到办法解决！

思考

课尾的回头看着力于从学生的观察、思考、想象等学习活动入手，在说清其中蕴涵的道理的过程中，将学生从孤立的、零散的知识点中解放出来，把关注点放在形成学科整体印象、建立清晰知识结构以及获得知识的方法结构上，完成对数学学科本质的纵向构建。

三、课后明辨——指向能力发展

教育的首要目标是让学生学会独立思考和判断，而非掌握特定的知识。教师要在充分尊重学生的基础上，针对学生的差异性进行教学前的深度思考和活动预设，为学习真实发生设计学的问题，营造说理空间。

课中的问题是对学生学习的引领与驱动。如果课堂教学中的问题细碎且浅显，甚至无需思考就可以直接回答出来，会让学生缺失经历深度探究的过程，缺乏提高解决问题的能力，让学习只能停留在表面。本节课的教学中，教师从学生的视角看待学习，理解学生学习的契合点和起点，了解学生的学习轨迹、学习策略，以及学生参与学习的意愿和准备情况等，基于学习内容和学习需求精心设计、提出精准且着眼于长远发展的三个问题。以问题驱动引发学生的深度思考和交流，让学生在碰撞中既"得法"又"明理"。

1. 改变学的方式，引领深度建构

研究表明，当教师成为自己教学的学习者，学生成为自己学习的老师时，对学生学习产生的效应最大。传统的教学方式话语权往往掌握在教师手中，教师向学生提供解释、纠正和指导，学生的回应简短而保守，很少展开深度对话。每节课有限的时间内，并非每个学生都有表达展示的机会，而合作学习可以使每个学生都有机会

呈现自己的思考过程。在本节课的教学中，教师提出学习要求（如下图），让学生在研究问题之前先厘清合作学习研究的方式。

学习要求：

①思：先独立思考，再小组交流；

②说：在四人小组内轮流说一说，让别人听懂你的想法；

③听：认真倾听同伴的想法，有困惑或不同意见，在别人说完后提出；

④记：把你收获的新思考记录在学习单上。

学习要求强调先独立思考再小组交流，让学生有了自己的想法后参与讨论，使得合作学习更为有效、高效。教师力求在课堂中改变学生的学习方式，分析整节课的时间分布数据可知，教师教授时间约为 5%，学生独立思考时间约为 17.4%，小组合作时间约为 24%，课堂对话时间约为 53.6%。以上数据虽不能完全说明学生的学习质量，但可以从侧面体现教师关注学生之间的建构和协调等，在学生小组合作学习及全班交流中，为学生创设充足的空间，鼓励所有的观点、评论和批判。课堂上，学生遇到问题时能主动寻求其他同学的帮助；在共同完成学习任务时，能彼此倾听、分享观点、考虑替代方案；能毫无畏惧地探究观点。在这个过程中，学生真正经历了思维碰撞和知识深度建构的过程，主动进行知识的深度建构。

2. **提升学的能力，看见真实成长**

我们希望学生都能成为自己的老师，实现终身学习。这种对自我学习的调节并不是凭空出现的，而是建立在深层理解上不断反思与提升。例如，在展示交流问题一的所有方法后，教师抛出问题：

"如果让你选择一种方法，你想选择哪一种?"此时，学生站在自己的角度，依据自己的思考作出选择，在关注转化方法多样性的同时，思考不同方法的本质，这更是指向了解决问题的策略。本节课的教学中，教师通过丰富而有层次的活动，引领学生由浅入深地反思自己的学习经历，使学生学会探究、学会思辨。

总之，教师需从关注"教学"转变为关注"教学生学"，站在学生的立场思考问题，引领学生主动学会审视学习内容、找到内在联系，从而形成一种内在的、稳定的数学结构，并学会用这种结构去促进新知的迁移与学习。

5 课例：三位数乘一位数

知识的学习固然重要，但值得思考的是在知识学习的深处还能生长出什么？杜威提出："学习就是要学会思维。"从某种角度来说，让数学学习真正发生，就是要让思维真正发生。我们知道，数学是讲道理的。数学知识本身蕴含着严谨的道理，所承载的数学思维是灵活、批判而又深刻的。基于学生的认知规律和心理特征，在数学教学中，教师更应从学习设计者的角度思考学生的学习。以知识为载体，以问题为引领，以思辨为途径，以发展为目标，启发学生基于已有的经验，积极地思维、主动地建构。在开放思考、协同探究、深度建构中，追寻知识的本质道理，经历知识的再发现、再创造，进而从朴素的经验上升到科学的、有逻辑的思维高度。在获得知识的同时，赋能思维的丰厚与深刻。

一、真问题——从"封闭"走向"开放"

学生的"学"，总离不开教师的"教"。但如果只是在"教"，学习就容易处在"记忆、理解"的低阶思维训练中。因此，站在学生的立场思考"学"，更要从"教什么"转向"学什么"，从"怎么教"转向"怎么学"，从"学"的角度设计学生的学习。"少即是多"，好的学习，要贴近学生的已有经验，以"探究未知"为出发点，设计核心的学习任务。以问题为引领，在有挑战的情境中点燃学生的好奇心和探究欲，进而主动质疑与分析，使学习真正从"学"的角度启发学生的思维从封闭走向开放，从被动走向能动。

出示：459×7。

师：做好的小朋友请举手。同桌之间互相检查一下，如果100分你就给他点个赞。

师：小明也读三年级，他是这样做的（如下图）。

$$459 \times 7 = 3213$$

$$\begin{array}{r} 459 \\ \times \quad 7 \\ \hline 2863 \\ + \quad 350 \\ \hline 3213 \end{array}$$

师：你们想问？

生：小明这样做对吗？

师：小明这样做对吗？对不对？（学生独立思考）

师：到底对不对呢？可以在小明的做法旁边写下你的想法。

师：把你们的想法在4人小组里面交流。

小组讨论后，学生汇报。

生1：我觉得是对的，因为七九六十三，他写了63，五七三十五，写在百位，他写在下面一行，四七二十八，28是千位，所以我觉得这是对的。

生2：我也觉得是对的，因为七九六十三他没进位，但是他照样把6写在了十位，五七三十五，写到了下面，3是百位，5是十位，所以是350，四七二十八，8写在（3的）上面，我觉得这样算法是对的，但是有点乱。

师：听懂他说的吗？有不同意见吗？

生3：他是把这三个分开算，我们的方法是合起来算。他先算9乘7、4乘7，再算5乘7，我觉得一点都不乱。

生4：我觉得不对，因为他乘的是一位数，不是两位数，两位数才要分开算。

生5：我赞同对，因为小明算式算对了。我又赞同不对，因为要从个位算起。

生6：我觉得对，因为五七三十五，只是他写到了下面一行写成350。

生7（站到生4旁边）：我支持不对，小明可能认为这种算法比较简洁，如果按顺序乘的话，不把35写在下面；他用2863加上350，可能步骤会少一点。

生8：我觉得是对的，因为他是先算409×7，但十位（5）还是有算的，不会忽略掉。

？思考

从学生的思维特质出发，笔者在学生独立计算459×7之后，抛出小明的算法，当固有的常规竖式计算和新颖的算法隔空相碰时，冲突、质疑、审视、批判等心理活动冲击着每一个学生对竖式算法原有的封闭的认知，进而产生真问题——"小明的算法对吗？"。

如此，课堂以学生产生的真问题为核心，以开放的姿态，触碰到学生的"好奇心"和"思维"的燃点。在两种算法的对比分析中，课堂似是进入交锋的状态，但其实质，是站在学生"学"的角度，巧妙地以两种算法为载体，启发学生的思维主动从算法之间的较量聚焦到算理的溯源。使得学生不由自主地带上数学应有的理性视角，在有挑战性的问题里，基于自我的经验与独立思考，亮出自己的观点，展开对未知的分析和求索。在这样的过程中，学生已跳出固有的封闭的认知，以开放的思维方式叩问竖式中的本质道理，学生不仅成为更好的提问者，还发展了质疑问难的批判思维。

二、真思辨——从"个体"走向"协同"

学习的过程就是在"自我"与"知识"、与"他人"、与"世界"交互的张力中不断重构的过程。在这样的过程中，学生往往围绕挑战性问题，独立地对已有经验进行改造与重组，以语言为媒介，在交流互助的关系中，从"个体"的思考走向"协同"的探究，不断地经历冲突、推敲、叩问、理解、修正、重构等一系列思维活动。这样"协同探究"的课堂不再只是促进记忆与理解的场所，而是发展学生分析与综合、评价与创造等思维的场所，是促进学生不断提升自己、不断重建认知的场所。

1. 批判，鼓励学生科学的质疑精神

生7：可是小明 7×5 写在上面也是可以的，他为什么要写在下面？

生8：其实算法都一样，只是写在上面和下面的区别，答案是一样的。

生7：那为什么 $2863 + 350$ 还是没有进位？

生8：因为他是直接先算 409 乘 7 等于 2863，但是如果忽略掉了十位上的 50，那这个答案也会是错的，所以必须得加上。结果已经有进位了，只是没写出来。只要能确保是对的，他就能这么写。

生 7：我说不出来了。

师面向生 7：说不出来是吧？说不出来谁帮助我们一下。

生 4：为什么要加 50×7 呢？

生 8：因为如果把 50 省略掉，那答案不是错误了吗？所以 50 必须得乘 7，它才能是正确的答案。

生 5：为什么要（跳过十位）先算百位？

生 8：应该是 409×7，只要把 5 往下挪，然后看成 409 就可以了。

师：谁来帮助我们三个？

生 9：为什么 350 要写在下面，为什么不是在上面？你得先说清楚。

生 8：这个问题我已经说清楚了，只要能确保是对的，就可以写在下面，如果你没有办法确保是对的，写在上面也可以。

生 4：但是 350 写在下面，你说这个是对的，你得有理由。

师：很好，等一下。表扬，懂得问，你要给我理由呀。

生 8：因为它是 409×7＝2863，但是 50 没有算，所以我们现在必须得算出来，不然答案是错误的，这就相当于忽略了一步。

生 7：从个位乘到百位，不是比这样子更清楚一些吗？

生 8：只要能确保是对的就可以了，如果你没有能力确保它是对的，那你可以按老师的教法，但小明这样算是对的。

生 5：350 的 0 可不可以省略掉？

生 4：小明写竖式是要让别人看得更清楚计算过程，但是这道算式过程不清晰。

生 8：这个过程对我来说也挺清晰的，因为 409×7 等于多少，

再加上 50×7 等于多少，我们都可以清晰地看出来。

2. 沉潜，触发学生积极的探索精神

生 12：大家可以换位思考一下，别一直只想自己的。

生 8：你们用不同的话来说，其实问题的本质是一样的。

生 4：我们不问明白的话，你们怎么能证明小明是对的？

生 10：我有个办法证明，换个算式来算，同样用小明这个方法。549×8，首先算个位的，八九七十二，然后再跳过去算百位，五八四十，接着四八三十二。然后再用我们以前学的方法再算一遍，答案也一样，就说明小明的做法是正确的。（边说边板书）

生 11：为什么可以跳着算呢？

生 10：为了给个位的答案弄出个空位。

生 11：为什么不能先算十位再算百位呢？

生 10：其实也可以。

生 8：只要你有能力把它算对的话，就可以了。

生 11：如果按你们的说法，先算十位不可以吗？为什么你和小明都是先算百位呢？

生 5：老师说过了，算式中要从个位算起。

3. 明晰，推动学生理性的思辨精神

师：小明这个（2863）表示什么意思？这个（350）又表示什么意思？

生 13：我看得懂。（而后沉默）

生 14：我看得懂，我能上去讲一下吗？

师：你要让他（生 13）听懂，要不要把他带上去？

生 14 带着生 13 上台：9 个一乘 7 等于 63 个一，4 个百乘 7 等于 2800，然后它们两个又合在了一起，表示 409 乘 7。

师：对不对？掌声送给她。那么这一个（350）呢？刚才带谁上来了？

生 13：350 是 5 个十乘 7。（同时板书）

生：我也是这样想的，但是我觉得这样做不对，比如"111×1～111×9"，这样的方法太难了，不好算出来。

师：我发现我们班的同学会假设、会举例，这个同学也一样，他又举了一个什么例子？

生：很小的数乘一个很小的数，比如"111×1～111×9"。

师板书：111×9。

师：也就是说，需不需要用小明的办法？

生：不用。

师：我们先来说他的办法对不对？

生：对，只不过用在其他算式太麻烦了，比如像 111×9，可以直接口算。

师：没必要用小明的办法对不对呀？

思考

教学围绕两个对立观点，借助"谁来帮助我们三个""表扬，懂得问"等语言的穿针引线，游走在学生的思维困顿处、观点交锋处、说理障碍处，启发学生一次次地以小明的算法为思维发展的途径和载体，愈加鲜明亮出观点的同时，将"踢十法"置于"乘法运算"这一知识体系中，不由自主地从算法的分析迈向算理的沟通。在"这样算不清晰、麻烦"的常规派和"只要能算对就可以"的灵活派的激烈思辨中，更诞生了"换位思考"的兼容思想，"问题的本质是一样的"的理性洞察，"549×8"的举例验证及"虽然对，但如111×1～111×9等题目，用了很麻烦"的再联想、再跳跃、再创造。

一次次的思维拐点，一次次的多人交互，一次次的深入探究中，算法的灵活合理、算理的迁移沟通已无声潜藏进学生的思维里。从个人的思考到协同的思辨，随着思维的逐步深入，不仅有意义地建构起知识的认知过程，更帮助学生从个人的观点里跳出来，从事实性的知识通往自发的创造性的经历，拓宽学生原有认知的疆界。在深入本质的理解中，学生学会用数学的思维来理解和解释，逐步养成讲道理、有条理的思维品质。

三、真发展——从"表层"走向"深度"

知识是什么并不是最重要的，重要的是以知识为载体的根本目标是学生的发展。因此，教学更要从知识的获取，走向思维的发展，最终帮助学生的学习跨越表象，由表及里，由薄到厚，走向深度的认识与智慧的思考，建构起学习的意义。

生：那么多种方法，为什么他只选这一种复杂的方法？

师：对呀，小明为什么要这样算呢？他的方法有没有好的地方？

师：四人小组讨论一下，小明的办法有没有好的地方？

生：不好，因为老师说要用别人看得懂的方法，如果这个方法让别人看不懂怎么办，所以我觉得不好。

生：我觉得好，像459×7，比较难的算式，可以不用验算也能表达它的正确答案。

生：这个方法可以直接口算，比如可以列成9×7，400×7，50×7，再把它们加起来。

生：我觉得好，它减少了错误率，首先你看个位，9×7＝63，进位，5×7＝35，又进位，两次进位，很容易就会算错。而小明这样算，把顺序改一下，进位改加法里面了。

生：他的意思是说他只是先把（十位上的）5看成0，把其他的先算了，最后再加起来，这都是我们学过的，不容易算错。

生：这样错误率低，这个方法脑袋里想想就可以了。

师：真好，其实没有最好的办法，就像小明认为他的方法很好，可是有的小朋友举了111×9的例子，认为小明的方法不好，对不对呀？所以，今天你们能够从认为这是不对的，慢慢通过思考，通过交流，有的还通过举例子、假设，甚至验算，发现小明的方法是对的，从而明白他为什么这样算。其实，没有最好的方法，只有适合自己的。你看，有人说过这样的一句话，我们来读一读。

生：算法只是知识，选择才是智慧。

"小明为什么要这样算呢？他的方法有没有好的地方？"问题的提出，给学生的思维再次带来沉潜的契机，触发学生再次从自己的思考走向说理的辩论，从自我经验的分享走向他人想法的融入，从合理的运算走向灵活的建构。活动中，一次次跨越算法的表层，深入到批判思维的深处，既有算理的明晰，又有多样的思考，还有对错误率低的洞悉，更有"算法只是知识，选择才是智慧"的领悟。促使学生的思维得以高度沉浸与持续深化，学生从知识的本质之理来到学习的智慧之理，进一步把新形成的经验沉淀下来，迭代个人的思维方式和认知体系。学生不仅建构起知识体系，更丰厚了自我，探寻到知识学习深处的意义，发展出独有的学习智慧。

扫码看视频

6 课例：分数与除法

【课前思考】

"分数与除法"是人教版五年级下册"分数的意义"这一单元的教学内容。学生在三年级是从"部分与整体"的关系初步认识分数的，在此基础上，本单元继续引领学生进一步认识和理解分数。本节课作为"分数的意义"的一个部分，意在从除法运算的需求这一角度，让学生初步感悟到：分数可以解决整数除法中不能除的问题。日常学习中，常见结合平均分物的具体情境，在解决问题的过程中，引导学生观察发现、沟通关系、归纳概括。学生看似掌握了二者的关系，然而，深入分析，就会发现学生只是从表面形式上理解二者的关系，但却不知道为什么用分数表示除法的商，对其缺乏本质上的理解。

分数本质上就是一个数，如何帮助学生主动回到分数产生的本源处，理解用分数表示除法运算结果这一知识本质及其合理性，自主建构起对分数与除法的关系，及其意义和价值的深刻理解与体会。好的学习设计与思考，不仅要思考知识的本质，还要研究学生的认知现状。在这样的思考下，我以"把 1 个月饼平均分给 3 人，每人分得多少个？请列式解答"为题，对学生进行了前测。分析前测情况，从学生的答题情况上看，主要存在以下两个问题：

问题 1：学生不敢列出 1÷3 的算式（如下图）。

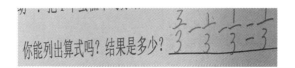

在过往的学习中，整数除法的经验是大数除以小数，小数能否除以大数，多数学生持有质疑的态度，这也是解决在整数除法中有些除法不可施行这一问题的关键之处，是冲击学生固有思维，最具实质发展的地方。

问题 2：学生不敢把分数作为除法运算的结果（如下图）。

在学生的已有认知里，除法是要算出结果的，除法的商用整数或者小数来表示，分数虽然是一个数，但是不能作为运算的结果存在。所以，宁可满头大汗地写满整纸张，也不敢用分数表示除法

的商。

从前测看，可以发现学生对分数与除法的认知是比较片面的，不能或不敢将分数与除法运算的结果建立起联系。从分数的意义和除法运算的角度出发，让学生主动沟通两者之间的关系，明确分数可以表示除法的商，知道正确使用分数表示除法的商，从本质处真正理解分数的意义，这些是本节课需要厘清的关键，也是学生学习的重点。

【课堂实录】

一、直面困惑，提出问题

口算：$8 \div 4$、$1 \div 4$

师：有困难的请举手，先把掌声送给诚实而又勇敢的孩子，遇到什么困难？

生：怎么会有小的数除以大的？

生：被除数比除数还要小，怎么除？

师：会算的请汇报结果。

生：0.25。（绝大部分）

生：$0 \cdots\cdots 1$。

生：$\frac{1}{4}$ 个。

师：对于"$\frac{1}{4}$ 个"你们有什么想问他呢？

生：怎么可以用分数呢？

生：怎么会除出分数呢？

生：这个答案对吗？

二、经历过程，探究推理

1. 初步探究

师：我们先研究"$1÷4$"的商等于$\frac{1}{4}$有没有道理。

（1）独立思考。

师：有的小朋友有答案了，有的小朋友还在思考，这样，我已经为大家准备好学习单了，把你的想法写一写。

（2）小组交流。

师：有自己想法的请举手。好，真好，手放下来，把你的想法在四人小组里说一说。

（3）对话交流。

我们把这个圆当作月饼，然后，把每个月饼平均分成 4 份，每个人就能拿到这块月饼其中的 1 份，所以答案是$\frac{1}{4}$个。

（4）回顾反思。

师：刚才我们遇到了什么困难，怎么解决的，有什么收获？为什么一开始没想到用分数表示结果？

2. 深入探究

出示：$3÷4=$

师：现在是几个饼分给几个人呢？每人得到多少个呢？

学生经历独立思考和小组交流后，把想法写在学习单上。

生：我们把这个圆当作月饼，把每个月饼平均分成 4 份，这个人可以拿到 3 份，这个人也可以取 3 份，每个人就能拿到这块月饼其中的 3 份。所以答案是 $\frac{3}{4}$。

师：他们说的有没有道理？掌声送给他们。

生：我的想法是有三个饼，第一个平均分成 4 份，那么每个人只能吃到一份，也就是分到第一个饼的 $\frac{1}{4}$，然后第二个也平均分成 4 份，每个人吃到的也是 $\frac{1}{4}$。第三个是一样的，所以三个饼加起来是 $\frac{3}{4}$，$3 \div 4$ 等于 $\frac{3}{4}$。大家有什么疑问或补充吗？

生：我觉得除了可以用一个一个分，也可以全部叠起来，就是三个饼，然后一次切成 4 份。每人得到 1 份。因为它是三层的，一层一份就是 $\frac{1}{4}$，$\frac{1}{4}$ 加 $\frac{1}{4}$ 加 $\frac{1}{4}$ 等于 $\frac{3}{4}$，大家同意吗？

师：谢谢你们。不管是一块一块地分，每人拿到一个 $\frac{1}{4}$，两个 $\frac{1}{4}$、三个 $\frac{1}{4}$，还是那个同学的把三块叠起来分，也都是拿到几个 $\frac{1}{4}$？

生：三个 $\frac{1}{4}$。

师：所以，他们的分法不同，但是都得到三个 $\frac{1}{4}$。

3. 抽象推理

师：$11 \div 17$ 呢？

师：能不能做到不画图，把你的想法说给大家听。

生：这里有 11 瓶水，大家想象一下。然后每个人有一个杯子。每一瓶分出 $\frac{1}{17}$ 给每个人，第二瓶也同样操作，一直到第 11 瓶水也是这样的操作。那么我们就有 11 个 $\frac{1}{17}$，就是 $\frac{11}{17}$，大家听明白了吗？

全班掌声。

4. 深化算理

（1）互相举例，巩固算理。

师：举个例子，然后想一想它答案的道理，再来考一考你的同桌。

师：老师好奇的是你们到底都举了什么例子来考你的同桌？

生：999÷1011 等于几？

师：我悄悄地问一下，你被你的同桌难住了吗？

生：没有。

师：请听他来讲道理好不好？来吧。

生：一共有 1011 个人要分 999 张饼，第一个人第一次可以分到 $\frac{1}{1011}$ 个饼，第二次也是这样，一共可以得到 999 个这样的小饼，就有 999 个 $\frac{1}{1011}$，就是 $\frac{999}{1011}$。

师：掌声送给会讲理的你们。

（2）变式理解，深化算理。

师：你们猜，如果是我，我会怎么考我的同桌？想知道吗？

板书：4÷3

师：不着急，把你们的想法记录在学习单上。

学生独立完成。

师：有自己想法的举起手。

师：好，不着急，把你的想法先在四人小组里进行交流。

生：就是也是四个饼，第一个饼平均分成三份，然后一份给 A，一份给 B，一份给 C，然后第二个饼也是这样，第三个饼也是分别给 A、B、C，第四个饼也是。所以，每一个人是 $\frac{1}{3}$ 加上 $\frac{1}{3}$，加 $\frac{1}{3}$，加 $\frac{1}{3}$ 等于 $\frac{4}{3}$。所以每个人可以吃到 $\frac{4}{3}$ 个饼。（如下图）

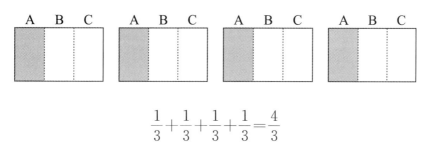

$$\frac{1}{3}+\frac{1}{3}+\frac{1}{3}+\frac{1}{3}=\frac{4}{3}$$

生：我们的情况是有一个饼分给了 A，第二个饼分给了 B，第三个饼分给了 C，那他们每人都有一个了，然后加上第四个饼每人分到的 $\frac{1}{3}$，也就是 1 再加上 $\frac{1}{3}$，这种分法也可以。（如下图）

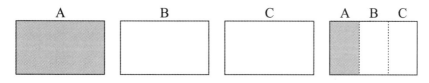

生：我感觉可以改成 $1\frac{1}{3}$，因为每个人都有一整块，然后一块饼中又有 3 份中的 1 份，就是 $1\frac{1}{3}$。

师：真好，掌声送给他吧。对的。特别棒。他表达出他的两种方法。也就是 $4 \div 3$ 等于 $\frac{4}{3}$。当然，你们刚刚说到了？

生：$1\frac{1}{3}$。

师：而且你们还知道这是什么分数？

生：带分数。

三、反思抽象，建立模型

1. 自主建构

师：现在，聪明的孩子回过头来看看这些例子。你有什么发现吗？把你的发现悄悄地跟同桌说一下。

师：谁来说说你们的发现？

生：我们发现了，如果是小的数除以大的数，可以用被除数作分子，除数作分母，如果是大的数除以小的数，也是被除数作分子、除数作分母。

生：我对刚才同学有个补充，就是大的数除以小的数也可以用二年级学过的方法得出它的商，余数也得出来，然后得出来的余数再除以除数，把得出的商与余数的商加起来。

师：听懂了吗？（懂）举例说一说。

生：比如 $7 \div 4 = 1 \cdots\cdots 3$，$3 \div 4 = \frac{3}{4}$，$7 \div 4$ 就等于 $1\frac{3}{4}$，也就是 $\frac{7}{4}$。

师：太了不起了！如果被除数为 a，除数为 b，b 不等于 0。那么想一想看 $a \div b$ 就可以等于？

生：等于$\dfrac{a}{b}$。因为有 a 个大饼，平均分给 b 个人，每个人分到 a

个 $\dfrac{1}{b}$，也就是 $a\times\dfrac{1}{b}=\dfrac{a}{b}$。（如下图）

师：同意吗？掌声送给会思考的小朋友。

2. **总结反思**

师：好了，通过这节课的学习，你有什么感受想和大家分享的吗？

生：通过这节课，我学习到了除法的商可以用分数来表示。

生：通过这节课，我知道为什么在除法算式里面被除数是分子，除数是分母。

师：他知道里面的道理，对吧？掌声送给他。

生：我还知道，除法的商表示方法有两种：一个是用带分数，还有刚才说的分数。

【课后思考】

一、直击困惑，让意义得以丰厚

学生作为课堂学习的主体，其已有的认知起点和认知困惑，是学习真实发生的基本条件。因此，在执教"分数与除法"之前，我们首要的是读懂学情，明白学生已有哪些认知经验，会有哪些困惑。基于学情，教学在"较小数除以较大数"的口算中，使学生直面原有的经验局限，暴露真困惑，直击认知疑难：$1 \div 4$ 可以等于 $\frac{1}{4}$ 吗？从课堂实施情况看，可以清楚地看见学生对这个问题的认知存在很大的障碍。通过静下来认真思考，亦可见学生基于问题、基于认知冲突的积极探究与求知的执着。比较长时间的独立思考后，学生开始尝试借助生活的例子来解释除法算式，并通过画图说理等方式，说明"$1 \div 4 = \frac{1}{4}$"的道理。在这一过程中，学生经历数学的观察与思考，随着说理的逐步深入，逐步厘清并能用数学的方式表达分数与除法的关系，明确可以用分数表示商的道理，从而深入到知识的内里，从数学内部发展的需求，于不同角度丰厚起对分数意义的理解。

二、直指本质，让算理走向一致

"能够明晰运算的对象和意义，理解算法与算理之间的关系"是"运算能力"这一核心素养的主要表现之一。本节课，不仅要让学生会用分数表示除法的商，还要帮助学生理解怎样用分数表示除法的商，使学生在沟通除法与分数的关系中，直指本质之处，进一步感受计数单位在运算中的作用，"体会数的运算本质上的一致性，形成运算能力和推理意识"。教学中，学生经历独立思考、合作交流，主动结合生活的例子解释"$3 \div 4$"的算理时，有的把 1 个月饼看成"1"，把"1"平均分成 4 份，1 个月饼 1 个月饼地分，分三次，每次分得 1 个 $\frac{1}{4}$，三次共分得 3 个 $\frac{1}{4}$，也就是 1 的 $\frac{3}{4}$；有的把 3 个月饼看成"1"，把"1"一口气平均分成 4 份，分一次，这样的 1 份，就是

"1"的$\frac{1}{4}$，即 3 个月饼的$\frac{1}{4}$，也可转化为 1 个月饼的$\frac{3}{4}$。最后，在沟通中发现无论是哪一种分法，都是分得 3 个$\frac{1}{4}$个，也就是$\frac{3}{4}$个月饼，沟通起它们内在的联系。推理的过程中，学生在具体情境里，不仅再次理解除法是计数单位个数的运算，更为后续"分数除法"算理的演绎，为理解整数、分数、小数运算算理的一致性埋下伏笔。与此同时，学生借助多元的举例，不断深化分数表示除法的商这一算理的理解，结合"$a \div b$（$b \neq 0$）等于几"的思辨，从本质处解释说理，建构起分数与除法之间关系的模型，让学习走向深刻。

三、直面挑战，让素养自然生长

要促进学生的素养发展，教师要相信学生，相信每一位学生与生俱来的好奇品质与探究精神，相信学生能通过观察、思考、表达等学习过程的经历，在原有基础上自主获得新的生长。这节课的学习，不只关注学生的短期需求，更关注到学生的长远发展，将知识的探究作为学生学习的载体，使学生从"$1 \div 4$"，到"$3 \div 4$"，再到"$a \div b$（$b \neq 0$）"，不断挑战自己原有的认知，创造性地思考解决问题的途径与策略。这样的学习与建构中，教师给予学生充分的等待与信任，使学生有机会通过大量的独立思考与交流协作，在数学的推理中，发展起对知识的理解。其间，所形成的运算能力与推理意识不是人为训练出来的，而是学生基于知识的复杂性自主建构，逐步生长起来的。

学生的学习是一个丰富的过程体验。在每节课的学习中，教师不能只停留在教材的表面、停留在知识的获取目标，更要深入把握知识的本质，充分了解学生的已有认知与现有困惑，设计好的学习活动，使知识成为学生核心素养发展的踏板，挑起学生学习的探究欲望，充分展现学生的思维全过程，使学生不仅自主建构起知识，更在获取知识的过程中，形成和发展起知识背后所承载的学科素养，增强解决真实问题的能力，不断促进个体的成长。

附录一

一"鸣"惊人，光"亮"逼人

——罗鸣亮课堂教学艺术拾零

最近我的"推"有些火，推书火书，推课火课，推人火人（嘻嘻，有些自吹）。乘着这股火气，特想推一下我们的罗帅（罗鸣亮的雅称，人长得帅，关键是课上得帅）。当然，罗帅不需要我的"推"已经很火了！

说实在的，一直有想写写罗帅的冲动。是因为他直率坦诚的为人和他精彩绝伦的课堂。多次在饭后茶余与他静静谈课、谈人、谈事。我们很谈得来，与他交谈，可以直言不讳，直指要害。我们多次彼此聆听对方的课堂，也经常谈课，他指出我课的问题，我也给他的课提点儿建议。

罗帅很大气。他多次大型讲座时称我是他师傅（按真实水平，他应是我师傅），多次使用我微信推出的微文。这让我很激动，那种"被方家认可"的受宠若惊之感。……（限于篇幅，此处省去 N 字）今天，主要聊聊他的课堂教学艺术。

一、"笑声"环绕的儿童立场

这是他刚刚首发的新课：二年级《口算乘法》。"口算乘法"也能上出火花来？怀着无比的期待，我早早地来到了会场。依然是罗氏开场："同学们好！""老师好！""同学们辛苦了！""老师辛苦了！"
"同学们乖！"（学生面面相觑）……全场轰笑！百试不爽。是的，暖
场是需要智慧的。

罗鸣亮的课一直是笑声、掌声不断，他很善于营造这样一种独
特的"场"。有人说，幽默感是与生俱来的，但生活中的罗老师并不
很具幽默感，却是一个有些严肃的人，到了他的课上，怎么就能擦
出那么多的笑点的？排除了先天的因素，我们能想到的会是什么？

不难体察那久驻罗老师内心的儿童观。罗老师认为，教学的根
本目的是促进学生发展。儿童是一个处于成长过程的群体，需要通
过教育活动使其得到发展并走向成熟；儿童也是一个充满情感、活
力和个性的生命群体，教师和儿童的人格地位是平等的，教学过程
中教师与儿童都应充分尊重对方的人格与情感。

在《你知道吗》一课，临下课了，老师问："同学们，你觉得今
天这节数学课与以往的数学课有什么不同？"在多个场合，孩子饱含
真情、发自肺腑地袒露内心"今天的课，是教我们学方法、学思想"
"我们不需要那种灌输式的题海战役式教学""罗老师的课太有趣了，
我们不想下课"……是啊！孩子的挚言告诉我们，"知识至上，技能
至上，分数至上"的数学教学取向仍主宰着我们的课堂，"儿童立
场"只是教案上的点缀，说课时的标榜，其落地境况令人担忧。而
罗老师以自己鲜活的课堂告诉我们：朝向儿童的数学教学，不应计
较一城一池的得失，不需再把关注点死盯着某个知识点，"只见物不
见人"，而要更为关注人的品格、兴趣、思想、方法、意识和价值观
的全面生长，真正从"数学教学"走向"数学教育"，从教育教学走
向儿童完整的生命发展。

二、"框框"之外的自然灵动

有一则故事耐人寻味。某地蕨菜出口某国，据说蕨菜收割后用阳光晒干，包装后运抵目的地，用水一泡就会新鲜如初，生意十分兴旺。后来当地一些聪明人嫌用阳光晒要靠天且晒干时间长，改为用火烘干蕨菜，然后包装后运抵某国。但是却发现这样的蕨菜无论怎么用水泡都始终干瘪，无法恢复新鲜。于是，蕨菜出口生意就这样没了。

这则故事告诉我们，鲜货是自然晾干的而不是烘干的。学生的学习更是如此，学习的过程是自然生长的过程，是源于本性、发乎内心的本能活动。而我们的教就要努力顺应儿童的这种自然的状态。

有老师不解，《口算乘法》一课，围绕"乘法口诀为什么只编到9就不编了呢"，罗老师花了近十分钟时间让孩子大胆猜想、自由发言，是不是费时过多了？恰恰相反，说白了，这是萃取的过程，是经验分享的过程，是新经验、新体验自然萌生的过程。总之，这是一个类似蕨菜晾晒的过程。让学习像呼吸一样自然，这是朴素的认识。数学核心素养的培养不能依靠外在的规训，任何外在的教育力量只能通过学习个体的自觉内化而发挥作用。因此，教学活动越接近学习主体内部的自然心理状态，越能引起学习者情感和认知的积极调动。

风格是人的背影。罗老师似乎与生俱来有一种"长大的儿童"的自然灵动，他乐此不疲地跟孩子们在一起研究数学。"哎呀，这个问题该怎么解决呀？"这是他摸着后脑勺抛出大问题时的大智若愚。"难道真的是这样吗？你们想，我也想！"这是他以同学的角色触发学生的批判性思考。"都知道了，我们还学什么呢?"这是他以长者的身份来诱发深度思维的启动。

当下的课堂有一种基于成人逻辑的分析倾向：源于教材教参的规定，按部就班地呈现例题和习题，课堂变革更多地关注外在要素，抑或是局部的改良和贴标签式的变更。罗老师认为，课堂变革应当更关注学生的学习，引发学生的思考；"松竹有别，菊堇各异"，真正发生的学习，一定要探到学生学习的真实"坐标"，基于学情，顺学而教，让学习从不同维度向"四面八方"打开，与"单行道"说再见，与"立交桥"相拥抱。所以，自然灵动成了罗老师课堂教学非常显著的外在表征。

很多老师在听完他的课后感叹，罗老师的课太难复制了。寥寥几张素简的PPT，有时只有几只信封、几张卡片，课堂却生成了丰富多样的创造。他的数学课堂不是一条超载知识、路径单一、长度有限的"线段"，而是以"人"为出发点，发散出人的思考力、表达力、感动力和创造力的"网络图"。

三、"讲理"背后的深刻隽永

罗老师的数学课是自然灵动的，也是深刻隽永的。这种深刻隽永集中体现在罗老师所倡导的"讲道理"的教学主张上。"讲道理"把握的就是数学的重要内涵，"讲道理"所致力的就是培养学生的理性精神。

恩格斯在《自然辩证法》中写到"地球上最美的花朵——思维着的精神"。倘若没有思维，这个地球上的鲜花开得再美，海水变得再蓝，普照大地的阳光再灿烂，也只是存在而已。只有思维着的精神，才会创造一个精彩的世界、理想的世界。而数学正是体现这种思维着的精神的最好学科。罗老师的数学教学指向具有"再创造"色彩的"思维着的精神"，师生共同经历由粗到精、由表及里、由浅入深的说理过程，初步感悟基本的数学思想方法。这样的数学课是很深刻的，它基于儿童、行于思维、成于品格，学生主动建造着自己的知识结构和思维世界。

教学是科学也是艺术，教学之艺术在于深入浅出。罗老师把数学课上成了一首隽永的儿童数学诗。隽永，常用来比喻艺术形式所表达的思想感情深沉幽远，言有尽而意无穷。数学课能够上得隽永，是极其难得的。复习了乘法口诀表后，罗老师问："乘法口诀表中最多有几句？""此刻，你有什么问题？"面对这一问题的设问，我动容了！脑际里满满的敬佩！在学生的提问中，不难得出核心问题"为什么只编到 9 的乘法口诀呢？干嘛不接着往下编呢？"基于这样的核心问题，不难拉出了这节课的整体框架——以研究 20×3 为主线，通过多种方法得到结果，理解算理，打通理与法之间的关联；研究 200×3，巩固口算乘法的基本方法，体会"二三得六"在不同情境中的作用；延伸研究 22×3、0.2×3、3×22、0.3×2，孕伏完整的知识体系，深度体会"二三得六"作为上位知识的包摄性、DNA 的强大功能。

交谈中，罗鸣亮说："'千课万人'想让他上《认识负数》，已有的课例，都是直奔负数而去，能不能从什么是正数切入呢？"眼前一亮！打心眼里佩服。有时候，一个好问题就是一节好课，一节好课，往往就因为一个好问题。是的，《长方体正方体的体积》《小数的意义》《你知道吗？》等成功的课例，往往都是源于一个好问题！

从这些课中可以洞见：开放性的探究、活动性的体验、智趣化的游戏、价值观的涵育、儿童视界的审美。这些课实现了数学思维、艺术审美、科学精神等多种品质的融合。从更为一般的角度去认识数学思想方法的普遍意义，这也许是数学所赋予学生的带得走的、将来在成人的社会里依旧用得上的内生力量。

一件艺术品之成功，贵在人格与自然的合一。因为艺术品不但要表现外形的真与美，而且要表现内心的真善美。后者是目的，前者是方法。罗鸣亮老师的教学是一门成功的艺术：自然灵动是其教学艺术的显性表征，惹人入迷；深刻隽永是其教学思想的内在品格，令人感动；儿童立场是其教学风格的自然样态，令人敬佩！

波兰尼在《默会之维》里说了句很有名的话："我们知道的比我们说出来的要多"，怀特海在《思维方式》里说了类似的话："我们经验的东西比我们能够分析的东西要多"。今天，我斗胆借用这些大家的话，很想说：真实的罗鸣亮，关于他的故事比我所了解的要多，比我写的更要精彩得多，成功得多！

2019 年 6 月 11 日

周卫东

（全国著名特级教师、正高级教师，南京师范大学附属小学校长）

附录二

罗帅，真的挺帅！

第一次相遇

我也不知道罗帅这个名字是谁起的，人嘛，长得确实还蛮帅，不过我想这个帅指的不是他的长相，应该是他的课堂风格，或者说是"粉丝"在听课以后发自内心的喜爱。

先来看看经典的罗氏开场白："小朋友们好！"这句话没什么特别之处，特别的是他一般会连说3遍，重点是用那种看起来傻傻的或者说呆乎乎的表情说的。更特别的是他的下一句是"小朋友们乖！"孩子们迟疑后有点懵圈地试探着回答"老师乖！"……

这样的开场，每次都会把孩子们先整懵，不知道孩子们是不是在心里想"问个好都要问3遍，这个老师是不是有点傻？我们就配合他吧！"哈哈，这属于我的小小想法哈，"粉丝"不要攻击我哈！

有人说这是汲取冯巩春晚开场的精髓，我其实觉得罗帅演绎得更好。没错，我觉得他非常适合演幽默剧，或者哑剧，即便不说话，一个眼神，一个动作，都满满的是戏，当然他简短智慧的语言也经常有画龙点睛般的戏剧效果。

比如，看到有孩子急着举手，他会瞪眼噘嘴嗔怪地说"不冲动！"真的特别逗！

最后一题，开放题，一个孩子直接说“3333×3”，多说了一位数，他又用了那个瞪眼噘嘴嗔怪的表情说：“你想多了！”

还有，他把那几句话“我会听”“我真棒”也贴在了黑板上，因为见过贲特也贴了类似的，我们也就不觉得新鲜了。课堂上，他拿起了“我会听”，我们都以为他要提醒孩子们认真听讲，结果他忽然把字牌一转，反面赫然出现一道题“20×3”！配上他那个不动声色的表情，这种出其不意的效果，简直把我们笑傻了！孩子和我们都上了他的当！当我们很松弛的时候，他半路杀出个程咬金！他那搞笑的表情仿佛在说：“你以为我会只跟你讲‘我会听’这么简单的话，开玩笑，我是在教你做题。别傻了，快想题！”现在，我还能在脑海里清晰地回想起这异常搞笑的一幕，听课时，我立马在观摩课老师群里发了三个字“表情帝”！

我想看到这里，你可能也会被他的幽默感染了。但是，我想说，幽默只是他的表象，他更大的优点是话少。

当很多人都在说要有针对性地评价学生的时候，他的评语却很少，少得可怜。课堂上他干的最多的一件事就是把话筒从一个学生面前递到另一个学生面前，当然用他那有趣的眼神挑起学生表达自己观点的勇气，于是课堂上孩子们金句频出。

一个孩子提出问题：“乘法口诀为什么编到 9 就不编了呢?”

众孩子答。

“那个人编到 9 就去世了。”第一句就把台下老师们乐傻了。

“编到两位就不好编了。”

“很麻烦，就不编了。”

“编那么多，默写一遍，1 个小时都写不完。”

"世界上数多得是，编不完。"

"九九八十一，重阳节就是九月九日。"

"古人太笨，压根儿就没想到过一千多。"

……

你肯定可以想象台下的老师们笑得有多开心了，我也是，大半天嘴巴都没合上。

现在，当我一个人静静地坐在这里，不由得被这些萌娃再次逗乐的时候，我觉得真要为罗老师点赞。

只有让孩子说，让更多的孩子说，才能知道孩子们脑袋里到底想的是啥。真是不听不知道，一听真奇妙哈！何止是脑洞大开，胆大包天也是敢的！哈哈！

课堂里，老师可以很精彩，但是听听学生，一定会发现更多的精彩，而这份精彩真实、灵动！

萌娃的精彩源自老师的"闭嘴"，而"闭嘴"表面看起来是忍耐，实则是尊重和鼓励。罗老师看起来很搞笑，实际上暖暖的！

孩子们看起来跑得很偏，但却感觉到老师希望听他们说，想说什么都可以，想到什么就可以说什么。于是越来越想说，想说了，就会认真听，语言的背后是思维，思维就会一直参与，愈发活跃、逐渐清晰！

罗帅，真的挺帅！

写于 2019 年 4 月 21 日晚

依然如斯

罗帅要来我们学校上课了，要知道三年前我工作调动换单位了，这，是多么神奇的缘分。

课堂上的他，还是那个经典的"罗氏开场白"，在近 200 名观摩老师们面前略显拘谨的孩子们渐渐舒展了起来。这节课，从一道计算题出发："淘气的算法对不对?"孩子们从独立思考到展开"辩论"，乘法计算的算理在交流中清晰呈现，瞧，孩子们自己明白着呢。

"淘气的算法好不好呢?"一个好问题引发了第二轮的热烈交流:

"好，这样每次自己算的结果都能清楚地看见，再相加，不容易出错。"

孩子们在计算和比较中，体会到了"淘气"算法的好处，即避免了因连续进位心算加法出错的可能。

"给这样的计算方法取个名字吧!"

"数位拆分大法""拆十法"纷纷出炉!

水到渠成，罗帅把"踢十法"板书了出来。

"三位数乘一位数每次都需要'踢十'吗?"

峰回路转，在一片喝彩声中，出现了一个不同的声音。

孩子们在思考后给出了回应"有的时候并不需要"。

……

这节课，跟我们习惯的计算课大相径庭，练习量远远不够呢。但是，这节课练习得又很丰沛。练习了"计算的道理我们自己可以说明白"，练习了"习以为常的未必就是唯一正确的"，练习了"在明知自己是少数人时，依然坦诚自己真实的想法"……

讲清道理，打破执念，敞亮自己，这节课，一定是孩子们非常难忘的计算课！

也许有人会说，家常课肯定堂堂不能这么上，没错。但是，我想说，在那么多的数学课里，一定要拿出一些课，像这样上！在每节数学课里，也都可以像罗帅一样，坚持一些自己认为应该坚持的原则！

送罗帅去高铁站，上了车，他又开启了奔跑模式。这么多年，他一直在奔跑，成为引领者，用自己说话很少的课堂"诉说"他心中理想课堂的模样。这么多年，他一直在奔跑，在奔跑中寻找同行者，一起携手找寻大家心中理想课堂的模样！这么多年，他一直在奔跑，在奔跑中寻找那些闪着微光的人，去送上自己的温暖、支持为他们续航！

看着奔跑的罗帅背影，耳边浮现起那首充满活力和希望的歌"把浩瀚的海洋装进我胸膛，即使再小的帆也能远航……"

觉得，这样的罗帅，真的挺帅！

写于 2023 年 11 月 26 日
南京师范大学附属小学　江晓丽

后　记

　　数学教育教学，说到底是培育和发展学生的数学核心素养，而学生数学核心素养的形成和发展，离不开具体知识的学习。学生能否在知识的学习中，看见知识的价值，获取学习的意义，形成素养的发展，关键在于教师对"知识"与"学习"的内涵、及其关系的理解与把握，对学生未来需求的洞察与思考。因而，延续"做一个讲道理的数学教师"，提出"说理课堂"这一教学主张，倡导要和"知识"说理，和"学"说理，和"教"说理，在"教"与"学"的方式变革中促进数学学科育人价值的实现，使学生不仅学知识，更在与"知识"说理的过程中，潜入"学"的深处，迸发"学"的力量，既学知识，又长见识，成为更好的自己。

　　几年来，我们一直在思考课堂如何变革，才能把学习真正还给孩子。其间，我们不断探索"说数理""知学理""明教理"的实施策略，亦将思考汇聚成文，发表在各种期刊。虽然此书是一些文章的汇总，但恰是关于"说理课堂"研究期间最真实的记录与写照，亦是关于数学学科育人价值的思考与探索。

　　构思这本书的汇集时，我思考如何令读者从结构上能一览"说理课堂"的相关思考与实施，同时希望读者翻开此书，即使只读其中任意一章节，也能从某一角度一窥"说理课堂"中的学习。

透过此书的汇集，回望这几年来福建的小学数学课堂，有欣喜亦有新的困惑与思考。一方面，值得高兴的是，福建的老师已经在"说理课堂"的践行中，踏上教学方式的转变，从"教"来到"学"，把"学习"的权力还给孩子。但另一方面，我发现，虽然老师们把时间和空间还给了孩子，课堂学习虽以"问题驱动→独立思考→同伴交流→集中汇报"的方式呈现，但不免落入模板式、流程式的教学，这是为什么呢？

譬如交流。如果孩子们在独立思考和小组讨论中已经解决了问题，又或是在这之后，孩子们依然充满困惑，依然没能寻找到解决问题的方法，那么，全班的交流，要交流什么？怎样交流更能适应孩子们的学习需求？更能引发孩子们的进一步思考？也更能帮助孩子们在探究知识的过程中成为更好的自己？这些都是我们老师应该思考的问题。

课堂学习不是流水作业，虽然把时间和空间还给孩子，但说理课堂更希望每一位老师能看见学生真实的需求，听见学生真实的声音，理解学生真实的困惑，真正体会到"学习"二字承载的深意。

好的交流既基于独立思考，又能让交流中迸发的思考超越独立思考。如何让每一个学生的思考在独立思考、小组讨论和全班交流三个学习过程中，有不同层次的挖掘和延展？又该如何帮助老师们深入明晰"教理"，理解"学理"，带动孩子们在"说数理"中抵达真正有深度的学习？这是我最近一直在思索与实践的问题，虽有所思考，但也有待进一步实践与梳理。

也因此，合上此书的同时，我和福建的老师们已经踏上新的思索与实践之路。我们相信，正如孩子们的学习一样，当每一位老师既基于独立的思考，又不囿于独立的思考，而是将视角转向"自己"以外去交流、去互动、去协作的同时，不仅能使每个人的思维得以延展，更能多角度构建新的思考。我们也相信，在这样互相交流的学习中，每个人运用自己的知识投入协作，由此产生的群体智慧必然超越个体的独立思考，当群体智慧不断得以碰撞和激发，"说理课堂"必将走向一个更为广阔的世界。

最后，想说，教育教学的思想与理论博大精深，方法与实践丰富多彩，我们仍跋涉于"说理课堂"研究的漫漫长路。如有不足与疏漏，恳请读者批评指正。

感恩同行的伙伴！

2023 年 11 月

注：选入此书的部分文章，可能许多老师在各大学术报刊上碎片式了解过，为方便老师们更全面地了解"说理课堂"，特将相关文章汇集于此。个别文章内容、标题都做了适当修改，部分课堂实践案例也做了调整。